本书出版得到国家自然科学基金项目"城市居民再生水回用行为特征及驱动策略研究"（71874135）、教育部人文社会科学研究规划基金项目"水资源紧缺和水环境污染约束下提升我国污水再生利用公众接受意愿的对策研究"（18YJA630068）和陕西省社科基金项目"环境友好型技术推广策略研究——以再生水回用行业为例"（2018S09）的资助。

再生水回用
与公众接受

PUBLIC ACCEPTANCE OF
RECYCLED WATER

付汉良　刘晓君

何玉麒　丁　超　著

社会科学文献出版社
SOCIAL SCIENCES ACADEMIC PRESS (CHINA)

目　录

表目录

图目录

第一章

绪论

第一节　再生水回用行业的国际国内形势

一　再生水回用行业面临的新问题

全世界的水资源总量中，只有2.5%是淡水。而这其中，可被人类利用的来自冰川融雪、地下水及地表径流的水资源又仅占淡水资源总量的1%[1]。淡水资源总量已非常有限，而近年来人类活动造成的大规模水资源污染更是加剧了全球范围内的水资源紧缺状况。供养了世界1/15人口的长江，如今有20%的水源构成是污水[2]。水资源紧缺和水环境污染是当前全人类共同面临的挑战，采用替代水源正是解决这一问题的有效办法。再生水回用作为替代水源的一种，相较于其他替代水资源具有诸多优势。首先，由于再生水经由污水处理而成，在将再生水用作农业灌溉用途时，能够提供稳定的养分来源（尤其是氮、磷和钾肥）以及有机物成分，这些成分对于保持土壤肥力有重要意义；其次，相对于远距离调水、海水淡化等其他水源获取方式，生产再生水的过程更加节能；再次，采用再生水作为替代水源，避免了大兴土木建造水利设施对自然界的影响；最后，通过处理污水生产再生水，能减少对水环境的污染[3]。

现代社会的再生水回用可追溯到 19 世纪中叶，然而在 1990 年以前，由于污水处理技术落后，处理产生的再生水往往只能在落后地区用于农业灌溉。我国在 1957 年就开始将经过简单处理的污水用作农业灌溉[4]，在随后 20 余年里，随着科学技术的突飞猛进，再生水的应用范围得到了极大拓展。近年来，以生物膜技术为代表的污水处理技术的出现，使得深度处理之后的再生水甚至已能达到饮用水水质标准。污水处理技术已不再是制约再生水回用推广的最大困难，取而代之的是新的问题，即公众对再生水回用工程项目的抵制[5]。

推广再生水回用，是缓解社会经济发展中水资源紧缺和水环境污染问题的有效办法。随着社会经济的发展、人口数量的增长以及人们对生活品质要求的提升，水资源消耗及水环境污染大幅增加，水资源供小于需的矛盾已经成了制约社会经济发展的重要因素。根据经济合作与发展组织的预测，当前在全世界范围内，有 15 亿人正遭受着严重的缺水。而且这一数字还将继续增大，到 2050 年将有不少于 40 亿人面临水资源短缺[6]。

对于我国西北干旱缺水地区而言，水资源对社会经济发展的制约作用更加明显，西北地区占据了全国 35.9% 的领土面积，却只拥有 5.7% 的水资源总量[7]。因此，寻找自然水资源的替代品便成为当前我国，尤其是西北干旱缺水地区面临的重要任务之一，而再生水便是替代水资源中的重要一种。

由于再生水经由污水处理而成，再生水作为水源比依赖于降水的天然水源更为稳定，同时发展再生水回用还能通过提高污水处理量而减少对水体的污染。此外，使用再生水作为天然水资源的替代品，还能有效缓解人类活动造成的土壤酸化、全球变暖以及水体富营养化等问题。同时，将再生水用于含蓄湿地，甚至还能产生调洪蓄洪、哺育鱼苗的作用[8]。正是因为再生水回用具备种种优点，如今再生水回用已经在全世界范围内得到了认可，并被作为缓解社会经济发展中水资源紧缺问题的有效办法。

如今，污水处理技术已经发展到几乎能生产出满足任何水质标准的再生水，然而现实中的再生水回用仍然局限于数十年甚至100年前的那几种用途上，止步不前[9]。早已突破技术难关的再生水回用难以转化为现实生产力，首要原因便是居民对再生水回用的排斥。早在20世纪末，就有学者敏锐地意识到，再生水回用工程推广最大的障碍不是技术的落后，而是公众心理上不能接受[10]。此后的众多研究和工程实例又反复证实公众对再生水回用项目的排斥是影响再生水回用推广的关键因素[11]，如20世纪90年代美国圣迭戈水务管理部门计划在饮用水中掺入再生水，这一举措引起了大规模的抗议活动，也最终导致投资巨大的项目半途而废。无独有偶，2006年在澳大利亚的图安巴，一项将再生水用于补充水坝蓄水的项目也遭到了居民的强烈反对，反对群众以"人民不喝污水"作为口号。尽管当时大坝的蓄水量已低至空库量的23%，但这一项再生水补充大坝蓄水的项目仍因有63%的居民投票反对而被废止[12]。可见，忽视居民对再生水回用项目的排斥，会极大地提高项目失败的可能性。

再生水回用在我国方兴未艾，由于起步时间较晚，当前我国再生水回用推广仍处于较低水平。由于接触再生水回用机会较少，公众反对再生水回用项目的事件在我国并不常见，但这并不意味着我们可以忽视这一潜在隐患。在我国，对于性质类似于再生水回用（即于环境或社会有利，但于使用者自身存在风险），但影响更为广泛的诸如垃圾焚烧项目，质疑一直存在。随着社会经济的发展和城市化进程的推进，水环境污染和水资源供需缺口拉大的问题越发凸显，作为当前解决此类问题最好办法的再生水回用，无疑将会得到越来越多的重视。而随着未来再生水回用在我国的进一步推广，直接或间接参与再生水回用项目人数的增多，再生水回用影响面的扩大，公众排斥出现的可能性也会随之增加，公众排斥行为对未来再生水回用在我国推广的影响作用也将越来越凸显。

因此，如何科学有效地引导最终消费者对再生水回用的接受行为，是未来再生水回用推广政策研究中的关键之处。针对以上问题，本研究计划探寻再生水回用公众接受行为的影响因素，确定不同再生水回用公众行为引导政策的作用机理，建立仿真模型对不同政策的作用效果进行模拟，并最终提出有效的再生水回用行为引导政策。

二　当前我国再生水回用推广政策的不足

迄今为止，再生水回用在我国已发展 30 余年。自 1986 年起，再生水回用连续被纳入国家"七五"、"八五"及"九五"时期重点科技攻关计划。在关于再生水回用涉及的再生水生产工艺、技术经济政策等方面，取得了丰富的实验数据，并在大量生产性实验中得到了良好的应用，为后续再生水回用技术标准（如《城市污水处理厂工程质量验收规范》《建筑中水设计规范》《污水再生利用工程设计规范》等）的制定提供了科学支撑，并为再生水回用在我国的推广打下了坚实的基础。而后出台的"十一五"、"十二五"及"十三五"全国城镇污水处理及再生利用设施建设规划更是将对再生水回用的重视提高到了国家层面。各地也相继出台相关政策法规，配合中央关于再生水回用的推广规划，其中仅北京一地便出台多项关于再生水回用推广的地方性管理办法，如 1987 年发布 2010 年修订的《北京市中水设施建设管理试行办法》、1991 年发布的《北京市水资源管理条例》、1991 年发布的《北京市城市节约用水条例》、2004 年发布的《北京市实施〈中华人民共和国水法〉办法》、2005 年发布的《北京市节约用水办法》、2009 年发布的《北京市排水和再生水管理办法》、2012 年发布的《北京市节约用水办法》及《北京市河湖保护管理条例》[13]。这些政策均以强制性行政命令作为主要手段，或制定再生水回用推广的阶段性目标，或以指令形式要求特定用水单位开展再生水回用。在我国再生水回用行业发展的最初阶段起到了一定的政策导向作用，促进了再生水回用的推广，但对再生水最终消费者的行为的引导作用仍显不足。

第二节　再生水回用推广政策现状分析

由以上现实问题可以发现，当前我国在再生水回用推广领域所采用的政策，以行政命令形式为主。然而单纯依靠行政命令来推广再生水回用，一则实施成本高，容易由于盲目建设而造成社会资源的浪费；二则由于行政命令具有强制属性，难以获得真正的社会支持[13]。因此，采用恰当的行为引导政策来引导居民自发地使用再生水，无疑是对强制性行政命令的良好补充。为更有针对性地确定适合居民再生水回用行为的引导政策类型，首要的是对再生水回用行为的特点重新进行仔细的梳理。

一　再生水回用行为的特点及其影响

再生水由污水经处理后产生，在其生产和使用过程中，减少了水污染排放和对自然水资源的掠夺，能有效促进项目所在地的环境改善。与此同时，由于再生水回用在我国推广较晚，居民对再生水往往十分陌生。此外，对于城市居民而言，再生水作为自来水的替代品，使用再生水能有效减少自来水使用量，从而减少水费开支。再生水生产使用过程中的这些特点，使得再生水回用行为具备了诸多独特之处。

1. 环保属性

通过开展再生水回用，既能减少对天然水体的污染物排放，改善项目所在地的水环境状况，又能提供天然水资源的替代品，减少对项目所在地的水资源掠夺。正因再生水回用具备环保属性，人们的环保动机亦会对其再生水回用行为决策产生影响。因此，如何激发居民的环保动机，使其愿意自发地使用再生水，是再生水回用居民行为引导政策的应有之意。

2. 陌生的新产品

再生水回用推广在我国方兴未艾，城市居民在日常生活中往往缺少接触再生水的机会。因此，居民对再生水回用往往十分陌生，即便少数接触过再生水的居民亦难以对使用再生水产生稳定的消费习惯。在这一背景之下，如何消除人们对再生水回用的陌生感，培养城市居民对再生水的消费习惯，也应该得到政策制定者的重视。

3. 替代品价格低

再生水作为自来水的替代品，使用再生水能减少自来水使用量，从而减少水费开支。然而，由于自来水作为城市居民生产生活的必需品，其价格直接影响城市居民，尤其是其中低收入群体的生活质量，因此我国长期以来实行低水价政策。自来水价格往往难以反映出水资源的稀缺性，甚至在部分地区难以满足水利设施的建设运营成本。而与此同时，再生水回用生产和运输设施建设的巨额成本，使得再生水价格的下调空间十分有限。在这一情况下，通过拉大再生水与自来水的价差，从而依靠经济层面的激励，实现对居民再生水回用行为的引导，实则困难异常。

二 城市再生水回用推广过程中的现实问题

以上结合再生水回用行为特点的分析结论，在笔者 2014 年 8 月开展的关于西安市再生水回用实际推广情况，以及西安市居民对再生水回用认知情况的调研中得到了证实。此次调研与 NGO 组织陕西省环保志愿者联合会合作开展，共计回收有效调研问卷 815 份。通过对调研过程中获得的与本研究内容相关的数据进行统计分析，可得出如下结论。

相对于节约用水成本而言，再生水的环保属性是居民考虑使用再生水的最大动因。在关于参与再生水回用的动机方面，相比于节约用水成本，725 名调研参与人优先选择了将保护环境作为自己参与再生水回用的主要动机，如图 1-1（a）所示。

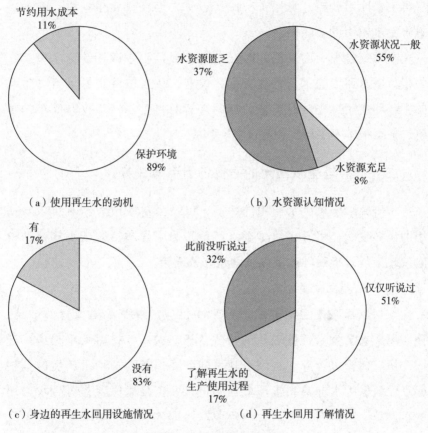

（a）使用再生水的动机　　　（b）水资源认知情况

（c）身边的再生水回用设施情况　　　（d）再生水回用了解情况

图 1-1　调研数据统计

西安市居民缺乏水资源危机意识，对当前西安市水资源的状况认识不足。在调研对象中，仅有 302 人认为西安市缺水，而其余多达 513 名调查对象认为西安市水资源一般甚至充足［见图 1-1（b）］。而西安市人均水资源占有量仅为 314 立方米，远低于全国和陕西省人均水资源占有量（分别为 2240 立方米和 1133 立方米），亦远低于地区经济和社会发展所必需的人均 1000 立方米的临界值，属于极度缺水城市。该现象进一步体现出开展针对居民的环境教育活动的紧迫性。

当前西安市缺乏再生水回用的氛围。仅有 139 名被调研人身边有再生水回用设施［见图 1 - 1（c）］。人们在日常生活中，缺少接触再生水回用设施的机会。

在调查过程中亦发现，西安市市民对再生水回用缺乏了解。在关于再生水回用的了解程度方面，仅有 139 名被调查者了解再生水的生产和使用过程，而更多的被调查者对再生水回用仅有简单的了解，甚至根本不了解［见图 1 - 1（d）］。

三 针对再生水回用的居民行为引导政策

本研究结合再生水回用的特点，以及当前城市居民对再生水回用的认知现状，将潜在的再生水回用行为引导政策归纳为环保动机激发政策、示范引导政策以及知识普及政策。

1. 环保动机激发政策

长期以来充足稳定的城市自来水供应，以及环境教育的缺位，让居民失去了对水环境现状的清醒认识。这一危机感无疑是居民开展一切以保护水资源、水环境为目的的环保行为的动机产生的最初起点，而保护水资源和水环境的动机，又正是居民参与再生水回用的重要动因。试问一个认为水资源取之即来、用之不竭的人又怎么会为了保护水资源和水环境而主动去使用再生水？因此，本书将以激发居民的环境保护动机为手段的政策归类为环保动机激发政策。

2. 示范引导政策

当前西安市再生水回用最为重要的用途之一，便是用作热电厂锅炉冷却水，而这一用途与市民日常生活距离甚远。众多采用再生水作为水源的景观湖泊、湿地以及洗车设施等更是"犹抱琵琶半遮面",让即便是生活在周遭的市民亦难以了解其所使用的是再生水。以上两种原因共同造成了当前西安市再生水回用氛围欠缺的现实情况,试问在这一现实情况下又有谁会敢为人先去使用再生水?因此,本书将通过营造再生水回用氛围,进而引导居民再生水回用行为的政策建议,诸如建设再生水回用示范工程,归纳为示范引导政策。

3. 知识普及政策

在当前这个信息爆炸、流量即金钱的时代,纷繁复杂的信息充斥在人们日常生活的各个角落,抢夺着人们的精力和时间。对于再生水回用这一既复杂,又与现实生活缺乏紧密联系的新型技术而言,单纯依靠市场规律显然难以在对人们的认知资源争夺战中取得先机。这也使得关于再生水回用的信息难以被广大普通市民获得,进而造成了市民对再生水回用缺乏了解。试问对一个缺乏基本了解的新鲜事物,人们如何能欣然接受?因此,本书将提高居民对再生水回用的了解程度从而引导居民再生水回用行为的政策建议,归类为知识普及政策。

基于此,提出本研究的核心问题:不同政策对再生水回用公众接受行为的作用效果和作用机理究竟如何?并围绕以上问题,通过实验及调研的方式,开展研究寻找答案。

第三节 研究内容、意义及创新之处

一 研究内容

1. 研究内容概况

首先结合国内外研究综述,汇总再生水回用公众接受行为的潜在影响因素。通过实地开展访谈,获取研究资料,通过扎根理论,获取影响我国居民再生水回用行为的因素，并构建影响因素的理论模型。在此基础上，围绕探寻不同再生水回用居民行为引导政策作用效果和作用机理的核心研究问题，本书首先引入社会心理学研究领域的内隐联想测试实验手段获取居民对再生水回用的真实态度[14]，并通过在实验过程中模拟不同政策的作用原理，以在实验室环境下了解不同政策对再生水回用公众接受行为的引导效果；其次，借鉴社会心理学和行为经济学研究领域中田野实验的研究思路[15, 16]，将不同政策类型抽象为客观变量，在现实中寻找实验对照组。通过比较对照组间城市居民对再生水回用的接受意愿，进而在现实环境下预测不同政策的行为引导效果[17]；再次，结合再生水回用行业的特点，在调研数据的基础上，分别建立结构方程模型探寻不同再生水回用行为引导政策的作用机理[18, 19]；最后，建立仿真模型模拟不同政策的作用效果，为再生水回用公众接受行为引导政策的确定提供决策依据。

2. 研究内容

本书的研究内容可分为以下四部分。

第一部分，再生水回用公众接受行为的影响因素研究。首先，文献综述。对国内外相关研究文献进行汇总梳理，确定影响我国公众再生水回用接受行为的潜在因素。其次，基于扎根理论对再生水回用公众接受行为的影响因素展开研究。开展实地访谈，基于一手数据进行扎根理论分析，确定影响我国居民再生水回用接受行为的潜在因素。

第二部分，再生水回用公众接受行为引导政策作用效果研究。首先，基于内隐联想测试的再生水回用公众接受行为引导政策作用效果实验研究。开展内隐联想测试实验，获取居民对再生水回用的真实态度，而后控制实验变量模拟不同政策的作用效果，并将控制变量改变前后居民对再生水回用的态度变化进行对比，在实验室环境下确定不同政策的作用效果。其次，再生水回用公众接受行为引导政策作用效果的田野实验研究。将不同类型政策的影响效果抽象为不同指标的变化程度，以这些抽象指标作为控制变量对调研样本进行分组，并通过比较再生水回用公众接受意愿的组间差别，在自然环境下对不同政策的作用效果进行再次验证。

第三部分，再生水回用公众接受行为引导政策的作用机理研究。首先，环保动机激发政策作用机理研究。为研究环保动机激发政策对再生水回用行为的引导作用，该部分研究引入适用研究亲环境行为中环境保护动机产生过程和作用机理的规范激活模型，在调研数据的基础上结合再生水回用行业的特点，构建了适用于再生水回用的规范激活模型，以解释环保动机激发政策的作用机理。其次，示范引导政策作用机理研究。考虑到示范引导政策依靠在全社会营造再生水回用的氛围，以人与人之间的相互影响作为纽带，从而实现对居民再生水回用行为引导作用的特点，该部分研究将代表人们与他人依存关系的关联型自我构建指标作为政策的抽象变量，并在调研数据基础上建立拓展的再生水回用技术接受模型，以从示范引导政策对再生水回用技术接受行为影响过程的角度，解释政策的作用机理。最后，知识普及政策作用机理研究。借鉴政府管理和风险管理研究领域的研究思路，在调研数据的基础上，构建了再生水回用了解程度分别通过影响对水务管理部门的信任程度以及对再生水回用的风险感知程度，而间接影响再生水回用接受意愿的知识普及政策作用机理模型，并在此基础上，进一步解释知识普及政策的作用机理。

第四部分，再生水回用公众接受行为引导政策作用效果仿真研究。在西北干旱缺水地区开展调研，在此基础上引入主体建模，对不同再生水回用行为引导政策的作用效果进行模拟，验证不同政策的作用效果。

二 研究意义

1. 研究的理论意义

居民的再生水回用行为属于微观研究范畴，本书通过研究不同政策对居民再生水回用接受行为的引导效果，很好地将对宏观政策的作用效果研究与微观层面的居民接受行为有机结合起来。拓展了再生水回用行为引导政策研究领域的范围，为政府通过宏观政策来引导微观行为主体的再生水回用行为提供科学依据。

同时，具体研究过程中的结构方程建模，以及内隐联想测试实验和田野实验，借鉴了社会学、心理学、行为经济学等不同学科的理论和研究方法，将再生水回用行为引导政策作用效果和机理的研究由定性变为定量，既促进了多学科之间的融合，又实现了对政策作用机理和效果研究的深化。

2. 研究的现实意义

再生水回用推广在我国由于起步时间较晚，至今仍处于较初级阶段，居民对再生水回用相对陌生，对再生水回用的抵触行为亦尚未全面爆发。然而，随着再生水回用推广规模的扩大和居民接触再生水机会的增多，居民抵触再生水回用行为的潜在影响无疑也会增强。因此，在再生水回用推广的潜在问题全面爆发前，研究不同政策对居民再生水回用行为的引导效果和作用机理，寻找引导城市居民参与再生水回用的有效路径，能预防和解决再生水回用行业在我国推广过程中可能遇到的关键性难题。

三 创新之处

获取了更接近居民对再生水回用真实态度的内隐态度，并解释了再生水回用"叫好不叫座"现象发生的真实成因。对于再生水这一明显带有环保、公益色彩的产品而言，居民往往可能会因为面子、声誉或者仅仅是为了迎合社会偏好而隐瞒自己的真实想法，表现出对再生水更为积极的态度，故而通过问卷调查形式往往难以了解居民对再生水回用的真实态度。而内隐联想测试能很好地解决这一问题，通过精妙的实验设计，让实验参与人在实验过程中无法了解实验的目的，从而使得实验结果（内隐态度）更接近居民的真实想法。此外，本研究还通过将内隐态度与外显态度进行对比，发现了居民对再生水回用的外显态度相较于内隐态度而言更为积极的现象，并以此解释了当前再生水回用推广过程中遭遇的"叫好不叫座"的现实问题。

采用了互补的实验室实验及田野实验手段，确定了不同再生水回用行为引导政策的作用效果。实验方法具备有效去除无关变量对实验结果的干扰、即时获取政策影响效果的优势。但由于实验室环境和实验对象数量的局限，实验室内完成的实验往往难以还原现实情况下的政策影响过程。而采用自然环境下形成的变量差别作为变量控制手段的田野实验，则能很好地对内隐联想测试实验进行补充。因此，本研究首先通过在实验室环境内控制抽象变量的形式，在实验过程中模拟不同政策的作用原理，并将变量改变前后实验参与人对再生水回用的内隐态度进行组内比较，确定了不同政策的作用效果。然后，引入田野实验手段，以天然形成的变量差别作为分组依据，设置代表不同政策作用效果的实验对照组。对调研参与人员的再生水回用接受意愿进行组间比较，再次验证了实验室实验中确定的研究结论。利用相互补充的实验手段，共同得出关于不同政策引导效果更具信服力的研究结论。

结合再生水回用行业的特点，在调研数据的基础上分别建立结构方程模型，并基于模型解释了不同再生水回用行为引导政策的作用机理。引入适用于研究亲社会行为中人们利他动机产生和作用机理的规范激活模型，用于解释环保动机激发政策的作用机理；考虑到示范引导政策需通过人际影响实现行为引导作用的原理，将示范引导政策抽象为代表个人与他人之间依存关系的关联型自我构建。将其引入技术接受模型中，对经典模型进行拓展，并代入调研数据，建立适用于解释再生水回用技术接受过程的结构方程模型，用于探索示范引导政策的作用机理；借鉴政府管理和风险管理领域的研究观点，建立居民对再生水回用的了解程度分别通过影响居民对水务管理部门的信任程度及居民对再生水回用的风险感知程度，进而间接影响居民再生水回用接受意愿的结构方程模型，用于解释知识普及政策的作用机理。

第四节　研究方法及技术路线

一　研究方法

本部分将研究方法分为研究资料获取方法和分析方法两类，并就其具体作用及应用章节进行介绍。

1. 研究资料获取方法

（1）内隐联想测试实验。Greenwald 等在 1998 年基于反应时间范式提出了内隐联想测试[20]。该实验通过比较实验参与人将不同事物归类于相容或不相容概念的反应时差，确定实验参与人对不同事物的态度。而且由于实验参与人在实验过程中无法揣测出实验组织者到底需要测什么，有效地防止了实验参与人在实验过程中对实验结果的修正[21]，从而能使测试结果更接近实验参与人对事物的真实态度。本研究参考经典的内隐联想测试实验范式，采用 E-prime 2.0 软件编制实验程序，并将其应用于测试居民对再生水回用的内隐态度，该实验方法被用于第 4 章研究。

（2）分层随机抽样调研。分层随机抽样是指首先将总体中所有样本按不同属性特征分为若干层次，然后在不同分层之内进行简单随机抽样，最后汇总所有抽样结果作为总样本。该抽样方法具备一个独特优点，即相对于简单随机抽样而言，能在不增加样本规模的前提下有效降低抽样误差，从而提高抽样精度。在调研当中，通过调研设计获取支撑第5章田野实验的对照组数据，以及建立结构方程模型的基础数据[22]。

（3）获取支撑田野实验的对照组数据。田野实验的核心在于采用自然环境下天然形成的变量差别作为控制变量，采用田野实验方法，克服了传统实验方法难以有效模拟真实环境的弊端，故可作为实验方法的良好补充。本研究通过将环保动机激发政策、知识普及政策以及示范引导政策的作用效果，分别抽象为在现实中能实现变量控制的抽象变量，即是否经历过水资源的极度缺乏、是否使用过再生水以及调研地区的再生水回用推广程度。通过相关问题获取前两类变量数据，并以第六次全国人口普查数据为参照，确定在不同分层内的样本数比例，在西安市所辖十区三县（西安市户县已于2016年12月23日正式获批调整为鄠邑区，行政区划由原来的十区三县改为十一区两县。但由于区划调整在具体调研时间之后，故而在本研究中仍以调整前名称及行政区划进行叙述）按行政区划进行样本分层抽样，以便于获取不同再生水回用推广程度地区的对照组样本。分别将以上指标作为控制变量，设置对照组，对实验参与人的再生水回用接受意愿进行组间比较，以实现通过田野实验确定政策作用效果的初衷。

（4）获取用于研究不同政策作用机理的调研数据。参考借鉴众多相关研究中的经典调查问卷，编制本研究调查问卷。获取样本数据部分用于开发第6、7、8章研究政策作用机理的结构方程模型，剩余部分样本数据用于对结构方程模型进行交叉效度检验，以验证在重复测试下模型是否具有稳定性。

2. 研究资料分析方法

（1）扎根理论。选取28份访谈报告用于扎根分析，通过对原始资料进行概括、归纳，完成开放式编码、主轴编码、选择性编码的过程，对概念之间的联系建构起相关的理论框架，其余 5 份用于理论饱和度检验。

（2）信度测量、T 检定、相关性检定等。本研究采用 SPSS 19.0 软件进行包含信度测量、T 检定、相关性检定等统计分析过程，在本书关于不同再生水回用行为引导政策作用效果和作用机理的研究中均有所应用。

（3）结构方程模型。结构方程模型能处理潜在变量，减少数据信息损失；能输出完整适配度指标，便于使用者随时了解到模型与基本资料之间的差异；能提供图形界面，让使用者更容易地了解模型中不同指标之间的关系；能通过协方差矩阵进行分析，为跨地域、跨文化的学术交流提供了便利[23]。结构方程模型的这些特点使其非常适用于研究本书所涉及的复杂变量，故而在关于政策作用机理的研究中均采用结构方程模型进行理论验证，AMOS 21.0 软件则被用于以上部分结构方程模型的数据处理过程，其中包括验证性因子分析、区别效度分析、群组比较、中介效应检验等[24]。

（4）主体建模。为了确定不同类型再生水回用行为的适配干预政策的作用效果，本研究通过应用主体建模模拟了一个小世界。在这个世界中，每一个主体代表一个能够独立决策的个体。在这个模拟世界中，个体对再生水的使用决策受到两种因素影响。首先，不同激励政策会对每一个个体的决策产生影响，直接作用到每一个决策个体；其次，决策个体之间会相互造成影响。在实验过程中，通过改变每一项引导政策的作用强度，每一个决策个体都会做出自己的行为决策，最终形成稳定的输出，通过汇集每一个个体的再生水回用行为决策的结果，就能够观察到不同引导政策的宏观作用效果。

二　研究技术路线

本研究的技术路线如图 1-2 所示。首先对相关领域的研究文献进行深入分析，厘清学科内的研究热点和研究前沿。采用质化研究方式，获取再生水回用一线专家和再生水直接使用者居民对再生水回用的关注和顾虑，并以此为基础构建居民再生水回用行为影响因素的理论模型，揭示不同影响因素间的内在联系。然后通过采用互补的实验室实验和田野实验手段，确定不同类型政策对再生水回用公众接受行为的作用效果。结合再生水回用行为的特点，分别建立

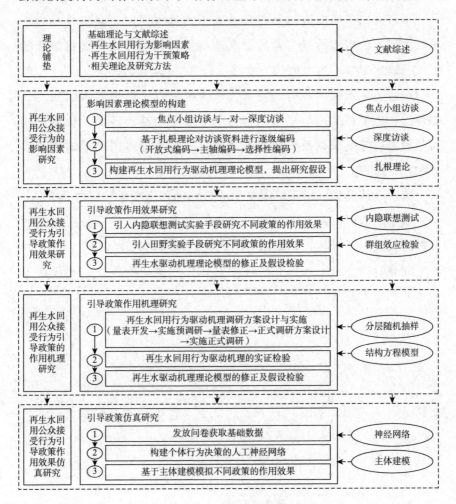

图 1−2　研究技术路线

结构方程模型，深入研究不同政策对再生水回用公众接受行为的影响机理。运用主体建模建立再生水回用行为引导政策作用效果的仿真模型，模拟确定不同类型政策的作用效果。

第五节　本章小结

本章介绍了当前迫切需要开展关于再生水回用公众接受行为引导政策研究的现实背景，并通过文献研究和扎根理论分析相结合的方式，确定影响再生水回用公众接受行为的影响因素。

结合再生水回用行为的特点，以及城市居民对再生水回用的认知情况，将潜在的再生水回用行为引导政策归纳为环保动机激发政策、示范引导政策以及知识普及政策，分别确定不同政策的作用效果和作用机理。

运用主体建模，对不同类型引导政策的作用效果进行仿真模拟。

确定了本研究的主要内容，从理论层面和实践层面分别对本研究的意义进行了分析，并归纳了本研究的创新之处。

此外，还介绍了各部分研究中具体采用的研究方法，并设计了本研究的技术路线。

| 第二章 |

文献综述

　　本章首先对不同引导政策涉及的观点和理论进行回顾，而后对前人关于影响居民再生水回用行为的潜在因素进行了整理，同时还就相关实验方法和理论模型进行了介绍。在此基础上，确定了本研究所采用的研究方法及相关理论模型。

第一节　相关理论基础

一　亲环境行为

　　根据亲环境行为的定义，个人有意识地去减轻自身行为对自然环境不利影响的行为，即为亲环境行为[25]。随着环境问题的日益严重，这一领域近 30 年来受到了越来越多的关注[26]。亲环境行为所具备区别于一般消费行为的环保属性，居民在决定是否开展回用行为时，并不完全出于利益的权衡，而会在一定程度上受保护环境、造福社会这一利他动机的驱使，因此人们的环境保护动机能看作利他动机在亲环境行为研究领域的具体体现。在众多相关研究中，也普遍将回用行为定性为一种利他性的行为[27]，而居民的利他动机则会对这一行为的参与程度产生巨大影响[28]。正是因为具备这一特点，一直以来亲环境行为研究领域都受到了世界各地研究学者的格外关注。在众多学者关于亲环境行为的研究成果中可以发现，尽管不同学者对居民自发的环境保护行为提出了众多不同定义，诸如环境责任行为、环境关注行为及可持续发展行为等[29]，但其核心观点是一致的，即居民的环境保护动机是其自发开展环境保护行为的重要动因[30]。通过再生水回用，能减少水环境污染并增加水资源供给，从而改善项目所在地的生态环境，甚至能通过保护水资源、水环境而给子孙后代留下宝贵的自然资源，实现水资源代际平衡。正是因为再生水回用行为具备保护环境的特点，因此再生水回用行为无疑应被纳入亲环境行为的研究范畴中。因此，本研究将居民的环境保护动机作为影响其再生水回用行为的潜在因素，并将环保动机激发政策作为引导居民开展再生水回用行为的重要潜在政策进行研究。

二　人的社会性

人们的行为会受到诸如社会偏好、社会身份及社会规范等众多因素的影响。因此，人们在行为决策时会不自觉地关注周围人的行为，在意自身是否融入集体，甚至会不经意地去模仿他人的行为[31]。这一现象在居民的投资消费行为领域同样存在，投资者会倾向于像羊群跟随头羊一样，做出与其他投资者同样的决策，这一效应也被经济学家定义为"羊群效应"[32]。通过利用居民这一从众心理，能有效地对居民的行为决策产生引导。1997 年哥伦比亚波哥大发生供水管道破裂，造成城市供水紧张，通过在电视上播放市长在洗澡打肥皂时关闭水龙头的短片，而对城市居民的节水行为产生了良好的引导效果。然而，人的社会性及其对人们行为决策所产生的影响，往往容易被政策制定者所忽视。众多经济政策都假定人们会在仅仅关注自我得失的情况下独立做出决策，因而只注重将外在的经济刺激（如价格）作为实现政策效果的手段[31]。然而，人的社会性告诉我们，人的行为决策过程，并不是对经济利益的简单权衡过程,而是会受到社会规范、社会氛围、周围人的行动等因素影响的复杂过程。在这一理论基础上,本研究将通过在全社会营造再生水回用氛围,以实现对居民再生水回用行为引导效果的政策归类为示范引导政策,并对其作用效果和引导作用的机理进行深入研究。

三 认知资源理论

在众多经典经济学理论所采用的简化假设中,都认为经济人的所有行为决策都是在深思熟虑之后做出的,并且最符合自身的利益。然而,认知资源理论认为人的信息加工能力是一种有限的资源[33],与此同时,人们在日常生活中往往会面对多到超过自身处理能力的信息。因此,在真实的行为决策中,人们往往会因为对相关信息的不了解,而无法做出最合理的决策。心理学最新研究成果更是告诉我们,人们在认识事物时,甚至会自动地用自己对已知世界的了解来描绘不熟悉的新鲜事物,并将这一行为过程定义成自动思维过程[34]。再生水的生产和使用环节中涉及众多诸如污水收集、污水处理及再生水运输等复杂环节,这些环节对于大多数群众而言十分陌生。由于认知资源的有限性,人们难以充分地了解再生水回用,因此往往容易因自动思维而产生对再生水消极、错误的认识[35, 36]。加强对居民再生水回用知识的普及,无疑是解决这一问题最有效的办法。基于以上思考,本研究将以提高居民对再生水回用了解程度为主要手段的知识普及政策作为研究对象之一,对其作用效果和引导作用的机理开展研究。

第二节 居民再生水回用行为影响因素研究动态

目前,污水处理技术已不再是制约再生水回用推广的最大困难,取而代之的是新的问题,即公众对再生水回用工程项目的抵制。学界对公众排斥行为的关注从 1990 年开始，逐渐升温。2000～2018 年，关于再生水回用公众排斥行为研究的文献发表量基本呈现局部小幅波动、整体明显上升的趋势。尤其是在 2013～2016 年，文献发表量逐年快速增加，并于 2018 年达到峰值 34 篇，并越来越多地得到包括 *Nature Sustainability*、*Journal of Environmental Management* 以及 *Journal of Cleaner Production* 在内的行业顶级刊物的关注[37]。从文献发表的区域分布上看，共有 56 个国家发表了与再生水回用公众排斥行为相关的文献，其中澳大利亚和美国的文献发表量占据主导地位，分别为 81 篇和 77 篇，占文献总数的 55.7%。近年来，一些中国学者开始关注公众对再生水回用项目的排斥行为[38]，然而从研究数量及研究质量上看，当前国内学者对再生水回用公众排斥行为的研究仍然较为薄弱。为了寻找再生水回用公众排斥行为的成因，各国学者从不同视角展开了研究。通过对已有研究的梳理，总结如下。

一 再生水供给侧因素对公众接受意愿的影响

公众对再生水回用的接受意愿会受到再生水生产和回用过程中污水来源、污水处理方案、再生水品质及回用用途等因素的影响。

1. 再生水生产源对公众接受意愿的影响

再生水经由污水处理而成，因此污水的来源会影响公众对再生水是否安全的判断。尽管迄今仍没有直接的研究证明两者之间的关系，但 Buyukkamaci 和 Alkan 在研究中发现，公众对于将生活污水进行再生回用的接受意愿远高于工业废水[39]。此外，Jeffrey 和 Jefferson 的研究证明，相对于由在社区内统一收集的污水处理而成的再生水，居民们明显更愿意使用单独经由自己家庭的生活污水处理而成的再生水[40]。

2. 污水处理方案对公众接受意愿的影响

相对于人工处理手段，经过自然降解的再生水更易被公众接受，甚至是仅仅在再生水用户的庭院内建设一个小型的天然沉积池以便对再生水进行沉降,都能明显提升其对再生水回用的接受程度[41]。而对于天然降解过程,公众亦存在不同的偏好。Velasquez 和 Yanful 的研究发现,经过地下蓄水层降解之后的再生水公众接受程度最高,紧随其后的分别是经过水库及河流降解的再生水[42]。Aitken 等进一步发现,经由蓄水层降解的再生水更易被公众接受,是因为公众普遍认为天然蓄水层为再生水提供了更深度的过滤,被注入水库的再生水较为容易控制水质,而由于河流中混入了其他污染物,故河流降解对提升再生水公众接受程度的作用要低于天然蓄水层及水库[43]。

3. 再生水品质对公众接受意愿的影响

再生水的品质亦是影响公众对再生水回用接受程度的重要因素,在世界各地开展的众多关于再生水回用公众接受程度的调研中,均能发现有超过一半的调研参与人会关注或者担心再生水的口味、颜色、气味、含盐量及有害微生物等[44]。其中,含盐量对用于园林灌溉的再生水公众接受意愿影响最大。而再生水的色度则直接影响公众是否愿意将其用于洗涤衣物及冲厕[45]。同时,再生水中可能存在的有害微生物及化学成分对人体健康的潜在威胁,亦是公众反对再生水回用的重要原因[46]。

4. 再生水回用用途对公众接受意愿的影响

公众对再生水回用的接受程度会受到再生水回用用途的影响,在绝大多数情况下,对于与人体接触程度越高的再生水回用用途,公众的接受程度越低。例如,Baghapour 等在伊朗开展的研究发现,81% 的受访者赞成将再生水用于冲厕,对于将再生水用于饮用或烹饪食物,却只有9% 的受访者表示能接受[47]。在 Hurlimann 和 Dolnicar 的研究中,更是通过比较 9 个国家公众对不同再生水回用用途的接受程度数据,进一步验证了公众对不同再生水回用用途的接受程度随其与人体接触程度的提高而降低的趋势[48]。

二 需求侧心理因素对再生水回用公众接受意愿的影响

对于再生水回用，公众心理层面的因素亦是不容忽视的重要影响因素。

1. 厌恶感对公众接受意愿的影响

当前全世界范围内正面临着越发严重的水资源危机，再生水回用能通过将污水转变成清洁水资源而大大缓解这一危机，而公众往往会因再生水是"由厕所而来的水"（Toilet to Tap）的厌恶感而不接受再生水回用[49]。这一现象早在 20 世纪 70 年代就曾被学者发现，描述为公众对再生水回用不洁的厌恶[50]。在随后的研究中，恶心因素被证实对再生水回用公众排斥行为具有极强的预测效果[51]。对再生水回用的厌恶还会抵消其对环境保护的积极作用，甚至即使有权威科学家为再生水品质背书，也无法改变公众对再生水回用的排斥[52]。这也导致了相对于诸如雨水再利用、海水淡化等其他种类的替代水资源，再生水回用更容易遭到公众的排斥[53]。然而，学者对恶心因素的看法也不尽相同。Russell 等认为，恶心并不是造成再生水回用公众排斥行为的全部原因，过度强调恶心因素的作用，会让人们忽视其他应对再生水回用公众排斥行为的手段，而不利于再生水回用的推广[54]。水当中的污染物，能通过技术方法去除，但公众对污水肮脏的认知很难去除。在最近的研究中，学者们将公众认为再生水曾经是污水就永远是污水的现象定义为"心理感染"[1]。这种现象导致，即便再生水中已经没有了任何污染物，但公众仍然无法改变再生水仍然是污水的刻板印象。Callaghan 等在澳大利亚开展的一项研究亦佐证了这一结论，其在调研中发现，公众本能地将再生水和不洁净、污染联系在一起[55]。亦有学者将类似现象发生的原因归结为"公众对纯天然产品的追求"，发现公众总是更喜好纯天然的物品，而难以接受人工生产的再生水[56]。Wester 等在研究中进一步发现,有害微生物及化学成分的残留对人体健康的潜在威胁,是公众对再生水回用情绪上不适的关键因素[57]。我国公众对再生水回用存在"心理感染"现象同样得到了验证,学者通过借鉴心理学研究领域关于内隐认知的研究思路,发现了公众对再生水回用消极的内隐态度,并为"心理感染"现象的成因提供了新的解释[14]。总而言之,公众对再生水回用存在的这种根深蒂固的、非理性的厌恶感,究竟会受到哪些因素的影响,又能通过何种方式应对,仍然有待进一步研究[58]。

2. 水资源缺乏程度的感知对公众接受意愿的影响

在干旱缺水地区生活的人们,更容易产生推广再生水回用势在必行的观念,而这一观念对于提高公众再生水接受程度具有极其重要的作用[49]。Dolnicar 和 Hurlimann 的研究发现,在干旱时期,公众对再生水回用的接受程度相对更高,甚至有更多的居民表示愿意饮用再生水,从而证实水资源缺乏会提高当地公众对再生水的接受程度[59]。而 Garcia-Cuerva 等之后开展的研究进一步证实,相对于客观的水资源缺乏情况,公众对水资源稀缺程度的感知对其再生水回用接受程度具有更好的预测效果[60]。

3. 环境关心程度对公众接受意愿的影响

由于再生水回用具有改善生态环境的作用,因此对生态环境问题关心程度较高的人们更愿意接受再生水回用。这一现象在众多研究中得到了证实,表现出更积极的环境态度、对保护环境具有更强责任感,以及愿意采取更多亲环境行为的人,对再生水回用同样表现出更为积极的态度。然而,环境关心程度对再生水回用接受程度的预测效果亦会受到再生水回用用途的影响,Po 等在研究中发现,环境关心程度高的人们对用作非饮用用途的再生水表现出更为积极的态度,但对于用作饮用的再生水,并没有表现出接受程度方面的显著区别[61]。

4. 再生水价格感知对公众接受意愿的影响

对于再生水的使用者而言，再生水的价格无疑是影响其接受意愿的重要因素。Chen 等在研究中发现，对当前再生水价格过高的感知，降低了居民对再生水回用的接受程度[41]。无独有偶，Garcia-Cuerva 等的研究发现，当再生水回用能显著减少用户家庭的用水费用时，更多的公众愿意接受再生水回用[60]。同时，再生水作为自来水的替代产品，公众对其的接受程度既会受到再生水自身价格的影响，同时还会受到自来水价格的潜在影响。Marks 等在研究中发现，当自来水价格是再生水价格的两倍时，公众更愿意去接受再生水回用[62]。

三 不同社会群体对再生水回用接受意愿的差异

诸如年龄、性别、受教育程度等社会人口学指标对再生水回用公众接受意愿的影响，一直以来都是学界关注的热点。通过对已有研究的梳理，总结如下。

1. 年龄因素对公众接受意愿的影响

关于年龄对公众再生水回用接受程度的影响，学界尚未达成共识。在众多研究中，只有接近一半的研究发现了年龄对公众再生水回用接受程度存在显著影响效果。而在这些研究结论中，主流的观点认为年轻的消费者更愿意接受再生水[53]。

2. 性别因素对公众接受意愿的影响

在超过一半的研究中，性别被证实会影响消费者的再生水回用行为决策，其中更多的学者认为，相比于女性，男性更愿意接受再生水回用[63]。而这一结论又能从心理学研究领域中，关于男性对风险技术更为偏好的研究结论里找到理论根源[64]。

3. 受教育程度因素对公众接受意愿的影响

众多研究发现，公众的受教育程度与其再生水回用接受程度呈正相关[35, 65]。然而，在关于公众的受教育程度是否会影响其再生水回用接受程度的问题上，学界仍未有定论。

4. 收入因素对公众接受意愿的影响

关于收入对公众再生水回用接受程度的影响效果，学界亦曾有争论。但在近年来的众多研究中，这一影响效果得到了反复的验证。在一项由中国人民大学开展的关于天津市民再生水回用接受意愿的调研中发现，收入水平较高的市民对再生水回用的接受意愿也相对较高[38]，之后 Garcia-Cuerva 等的研究进一步证实了收入对再生水回用接受意愿的正向影响效果[60]。

5. 意识形态因素对公众接受意愿的影响

再生水回用既能保护环境，同时又可能对人体健康产生潜在危害的这一特点，使得公众对再生水回用的反应会由于意识形态的不同而区别明显。在社会学研究中，公众对再生水回用的厌恶感被发现与政治观点方面的保守程度正相关，这源于对外来病菌与组织外成员反感因素的共同演化[66]。政治倾向也被发现与公众对环境事务的态度正相关[67, 68]。

第三节　研究方法综述

1. 扎根理论

与量化实证研究不同，扎根理论并不提出理论假设，而是直接对调查资料进行分析，提炼出相关概念，进而发展范畴及之间的关联，并在该过程中，探索新资料与已形成的概念、范畴或关系的异同之处，直至新资料中再也没有新的概念、范畴或关系出现，因此利用该方法建立的理论更加系统与全面。国内外利用扎根理论这一探索性的质化研究方法研究再生水回用行为的文献并不多见，但是该理论在其他环境保护行为方面得到了广泛的应用。王建明等利用扎根理论构建了公众低碳消费模式的影响因素模型，有效地解释了其形成机理[69]。杨智邢等运用扎根理论方法对可持续消费行为的影响因素进行了探索性研究，构建出可持续消费行为影响因素模型[70]。

2. 内隐联想测试实验

在内隐社会认知研究领域众多经典案例，诸如 Stroop 任务、语义启动任务、无意识启动[71, 72]等的基础之上，进一步衍生出同样基于反应时间范式的内隐联想测试（IAT）[73, 74]。相对于其他内隐态度测试方法，内隐联想测试具有更高的效度。因此，在此后的十余年发展迅速，如今已在消费预测[75, 76]、行为健康[77]甚至是对总统选举选情估计[78]等诸多领域广泛应用。IAT 方法亦存在一些局限。IAT 方法在实验过程中高度依赖实验对象之间的竞争性，故而在研究对象的选择上 IAT 仅适用于不同类别对象或不同种类偏好的对比，如黑人—白人、愉快—不愉快。但对于本研究所针对的研究目标——居民对于再生水的态度而言，难以找到与之明确相对的研究对象。故而需要在 IAT 方法的基础上寻找一种适应单一变量内隐测试的成熟变式。近年来，针对这一问题，一些学者在经典 IAT 研究方案的基础之上，开发出了若干种针对单一对象的内隐测量方案，如：单类内隐联想测验（Single Category Implicit Association Test，SCIAT）[79]、单靶内隐联想测验（Single Target Implicit Association Test，STIAT）[80]、外部情感西蒙任务（Extrinsic Affective Simon Task，EAST）[81]以及命中联系任务（Go/No-go Association Task，GNAT）[82]。而通过对比以上四种针对单一对象的内隐联想测试方法，可发现 SCIAT 测试方法在内部一致性方面达到与经典 IAT 相似的水平，且操作环节简便，相对于其他三种单一对象内隐联想测试方案具有明显优势[83]。

3. 田野实验

田野实验可被定义为：运用科学的实验方法来检验在自然环境下发生，而不是在实验室里发生的扰动，对人们行为决策的影响采用田野调查方法[15]。田野实验源于实验经济学家对兴起于 20 世纪中叶而繁荣于 21 世纪的经济学实验室实验研究方法的反思，经济学实验室实验方法很好地吸收了自然科学实验的控制思想，但因为实验环境和实验样本的局限，往往难以实现对真实行为决策环境的模拟，进而造成实验结论偏离现实中的行为决策结果，在相关研究当中甚至用"他们仅仅是来玩玩儿"（They come to play）来形容这一现象[84]，而通过田野实验的研究方法则能很好地克服实验室实验的这一弊端。正因田野实验具有这些优点，发表于 2004 年介绍田野实验的经典论文"Field Experiment"迄今已被引用超过千次[85]。而在发展经济学研究领域引入田野实验研究方法的 Esther，更是在 2010 年获得了被誉为"诺贝尔经济学奖指针"的克拉克奖，足见田野实验在当前的热度。

4. 主体建模

作为一种政策模拟工具，主体建模能通过模拟多个主体的同时行动和相互作用以再现和预测复杂现象。整个模拟过程从低（微观）层次到高（宏观）层次逐步涌现，使得主体在相互作用下可产生真实世界般的复杂性。通过主体建模捕捉关于不同类型干预策略前后的系统均衡状态，可以预测其作用效果。因为主体建模具有这些优势，众多学者在诸如用水行为干预策略[86]、环境经济政策模拟[87]及建筑工人不安全行为预防策略[88]等方面开展了卓有成效的研究。因此，本研究采用主体建模对再生水回用行为干预政策的作用效果进行模拟，以期为再生水回用公众引导政策的制定提供科学依据。

第四节　理论模型

一　规范激活模型

为了研究环境保护动机激发政策对居民再生水回用行为引导效

果的产生机理，本研究借鉴 Schwartz 及其同事提出的适用于解释居民在亲社会行为中利他动机的规范激活模型（Norm Activation Model，NAM）[89]。在 NAM 理论框架内，个人规范代表了个人对行为决策的道德评判标准，会决定居民对利他行为的道德评判，进而影响居民的最终行为决策[90]。而个人规范会因对危害社会行为可能产生后果的感知及对不良后果的责任归因而激活，故个人规范以及后果意识、责任归因被看作规范激活模型的三大要素，共同构成了基本理论模型（见表 2 - 1）。

表 2 - 1 规范激活模型变量定义

变量名称	变量定义
个人规范	能驱使居民去开展或者避免特定行为的个人道德规范
后果意识	对自身妨害社会的行为可能对他人造成影响的意识
责任归因	对妨害社会行为所造成不良后果的责任感

　　尽管规范激活模型对亲环境行为良好的解释和预测效果已被众多研究反复验证，但对于模型主要组成部分间的关系仍有众多观点，主要可总结为以下三类。

　　将后果意识及责任归因看作个人规范对行为决策影响路径中的调节变量。该观点认为个人规范对行为决策的影响是客观存在的，并未将对行为后果的感知和责任归因作为个人道德规范的启动条件，而将其作为影响个人规范对行为决策影响强度的调节变量（见图 2 - 1）。

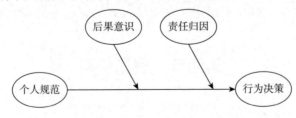

图 2 - 1 调节变量模型

资料来源：根据 Steg 和 de Groot（2010）研究整理[91]。

将后果意识、责任归因、个人规范及行为决策依次串联构成后果意识对行为决策的远程中介模型。该观点依然肯定了个人规范对行为决策的直接影响作用,并肯定了个人规范对责任归因影响行为决策路径中的中介效应,同时认为后果意识也会通过责任归因而间接影响个人规范进而远程影响行为决策(见图 2 - 2)。

图 2 - 2   远程中介模型

资料来源:根据 Steg 和 de Groot(2010)研究整理[91]。

将后果意识和责任归因共同作为个人规范影响因素的双影响因素模型。该观点将对行为不良后果的意识和责任归因共同作为个人道德规范的启动条件,亦将个人规范作为后果意识和责任归因间接影响行为决策的中介桥梁(见图 2 - 3)。

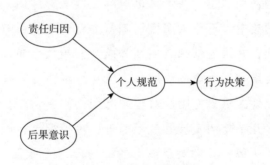

图 2 - 3   双影响因素模型

资料来源:根据 Osterhuis(1997)的研究总结[92]。

以上三种观点均肯定了个人规范对亲社会行为的直接影响作用,而在对责任归因、后果意识以及个人规范间关系的认定上略有不同。

二   技术接受模型

Davis 在计划行为理论的基础上,借鉴自我效能理论(Self-efficacy Theory）和成本收益范式（Cost-benefit Paradigm）的相关内容，在研究居民的技术接受行为时将"居民在多大程度上认为使用新技术会让他们工作和生活得更好"，以及"在感知收益的基础上对使用该技术难易程度的权衡"纳入考虑，分别将感知有用性和感知易用性作为其衡量指标[93]，并在此基础上提出了技术接受模型（Technology Acceptance Model，TAM），模型理论框架如图 2 - 4。

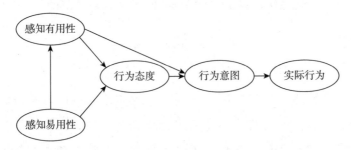

图 2 - 4　技术接受模型逻辑框架

该模型最初被用于寻找计算机被广泛接受的原因，模型中延续了计划行为理论中关于行为态度影响行为意图进而影响实际行为决策的逻辑框架，并认为感知有用性和感知易用性会通过影响行为态度，进而间接影响行为意图。同时，感知有用性会直接对行为意图产生影响。此外，感知易用性对感知有用性的影响亦在模型中得到了肯定。经过几十年的发展和反复验证，该模型已在国内外各个领域被广泛应用于解释人类对新技术的接受行为（见表 2 - 2），甚至可以认为研究人员不了解技术接受模型便是对技术接受相关研究历史了解得不全面[93]。

表 2 - 2　TAM 在各领域应用示例

作者姓名	发表年份	应用领域
Hu 等[94]	1999	研究内科医生对远程医疗的接受意愿
Hong 等[95]	2002	研究对数字图书馆的接受意愿
Liaw 等[96]	2003	研究对利用搜索引擎进行网络搜索的接受意愿

续表

作者姓名	发表年份	应用领域
Lu 等[97]	2003	研究对移动互联网的接受意愿
Serenko[98]	2008	研究对电子邮件系统的接受意愿
Melas 等[99]	2011	研究对医疗信息系统的接受意愿
王月辉等[100]	2013	研究北京居民对新能源汽车的接受意愿

考虑到当前再生水回用在我国的推广仍处于初期阶段，作为一种新技术正在逐步为大家所了解。再生水作为新科技产品这一属性，无疑使得在对再生水回用居民接受意愿进行研究和探索的过程中，与技术接受行为研究领域存在相互交叉，将在技术接受行为研究领域应用最为广泛的经典理论模型之一 TAM 引入再生水居民接受行为研究领域，能良好地模拟居民再生水回用技术接受过程。

第五节　研究述评

通过对国内外相关研究的梳理和分析，我们发现关于再生水回用公众接受程度的研究已经在全世界范围内受到了广泛关注，各国学者在再生水回用公众接受行为影响因素领域进行了卓有成效的探索，但仍存在以下几方面不足。

当前研究并未将不同影响因素系统化、条理化。影响再生水回用公众接受程度的因素复杂多样，当前学者所开展的研究多针对单一或若干因素的作用效果，缺少对影响因素综合、系统的探析和梳理，并未揭示多种因素间的结构关系。因此，本书通过文献研究和调研的方式，系统整理和分析西北干旱缺水地区城市居民再生水回用接受意愿的显在和潜在影响因素，构建影响因素的结构方程模型，力图揭示不同影响因素间的内在联系。

关于再生水回用公众接受行为影响因素的观点不一。当前学界关于公众再生水回用接受程度的某些影响因素，尚未形成统一观点，针对诸如年龄、性别、收入等因素对再生水回用公众接受意愿的作用效果，不同学者在世界各地开展的研究中甚至发现了截然相反的结论。同时，在以往研究中缺少对第三方水质监管等因素作用的探索。因此，本书针对西北干旱缺水地区消费者的行为特点开展大规模调研，以确定再生水回用接受意愿与影响因素之间的本质联系。

缺少对再生水回用行为引导政策方面的研究。当前关于再生水回用公众接受行为方面的研究，主要集中于探索和寻找其影响因素，而缺少对引导再生水回用对策措施方面的研究。因此，本书将再生水回用行为引导政策的作用效果和作用机理作为主要研究对象，弥补该研究领域的短板，为制定行之有效的再生水回用行为引导政策提供理论依据。

研究方法以实证研究为主，数据获取易受情境影响。已有关于再生水回用公众接受意愿的研究，多采用问卷调研、访谈等数据获取方式，研究结果易受研究情境的影响。因此，本书采取生理信号及行为监测技术作为实验数据获取手段，可更为有效地还原真实决策环境，弥补实证研究手段易受情境影响的短板，从而能获取更为客观、更接近公众真实意愿的研究结论。

缺少从消费行为模拟的角度探索再生水回用的驱动策略。当前国内外关于再生水回用的推广政策，以柔性或强制性的指令政策为主，而缺少基于消费行为驱动机理所制定或优化的再生水回用驱动策略。学界的研究也大多仅仅关注寻找影响公众再生水回用接受意愿的影响因素，而缺乏对如何主动引导公众接受再生水回用问题的进一步探索。针对这一问题，本书将宏观政策的作用效果与微观层面的公众接受行为有机结合起来，在公众再生水回用行为影响因素和行为特征研究的基础上，进一步提炼出潜在的公众再生水回用行为驱动策略，并在实验环境下模拟研究不同策略的作用效果。

第六节 本书改进之处

一 引入互补的实验室实验和田野实验

根据前人研究可知，内隐联想测试作为实验室实验的一种，具有能有效去除无关变量从而实现单一变量控制的优点，却也存在实验室实验难以还原真实决策环境的固有缺点。田野实验尽管在还原真实决策环境方面优于实验室实验，却也不是包治百病的良药。在实际操作过程中，田野实验依然无法具备实验室实验能有效去除无关变量的天然优点。同时，利用自然条件下的扰动往往不如在实验室条件下针对研究问题控制变量来得直截了当。可见两者互有优劣，相互补充（见图 2-5）。

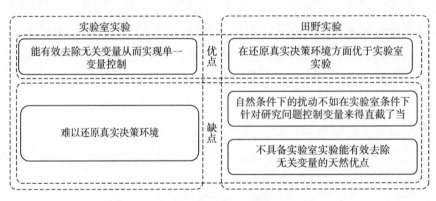

图 2-5 实验方法的优劣对比

因此，本书在对不同类型政策的作用效果进行研究时，同时采用内隐联想测试和田野实验两种实验方法，以得到更符合真实政策作用效果的研究结论。

引入内隐联想测试实验手段研究不同政策的作用效果。由于再生水回用具有亲环境行为的属性，对于再生水回用表现出的态度往往会被认为和个人的道德水平挂钩，因此居民往往可能会隐瞒自己的真实想法去表现出对于再生水回用更为积极的态度，致使通过问卷调查的形式难以获得居民关于再生水回用的真实态度，而内隐联想测试实验则能很好地克服这一问题。故而，在本研究当中，引入内隐联想测试实验手段，用以获取居民对于再生水回用的真实态度，并通过在实验过程中控制不同变量改变，而在实验室环境下研究不同政策的作用效果。

引入田野实验手段研究不同政策的作用效果。本研究当中引入田野实验手段，将实验参与人群间的客观区别，作为反映政策作用效果的控制变量，并以此为基础设置实验对照组。通过对调研参与人对于再生水回用接受意愿的组间比较，对不同政策的作用效果进行再一次研究，以确定不同政策在真实环境下的作用效果。

二 规范激活模型的改进

规范激活模型完全适用于解释亲环境行为中利他动机的产生和作用过程。而再生水回用行为恰好是亲环境行为中的一种，同时环保动机激发政策正是通过激发居民保护水环境的动机，进而实现引导居民开展再生水回用行为的目的。因此，规范激活理论模型和环保动机激发政策作用机理的研究有了很好的契合点。故而，在前人研究的基础上，本研究对规范激活模型进行了整理和改进，使之能更好地用于研究解释环保动机激发政策的作用机理。

综合前人对规范激活模型的研究，可以发现在个人规范对亲社会行为的直接影响作用上，学者们的观点趋于一致，但在对责任归因、后果意识以及个人规范间关系的认定上略有不同。本研究倾向于认为只有当居民承认自身行为对他人产生的不良后果，并且认为自身对这些不良后果负有责任时个人的道德规范才会被充分激活，进而约束自身去开展亲社会或亲环境行为。同时，也认为对行为后果的意识会影响居民对责任归属的判断。

此外，基于自我完成理论，对规范激活模型进行改进。根据自我完成理论，居民会倾向于设定与自己身份相符的目标，并会有强烈的愿望采取补偿性措施使结果与自身身份相符，这一理论在众多研究中被证明同样适用于个人对自身道德形象的维护[101]。而居民对环境的态度属于个人道德形象构成要素之一，出于自我完成理论，居民会有强烈的动机去保持自身行为与自身道德形象相符。故当居民了解到自身行为对环境的破坏时，会倾向于通过开展补偿性的环境保护行为来保持自身的道德形象[102]。有研究表明，当居民回想起过去做过的破坏环境的行为之后，会更倾向于采取补偿性措施，如选择绿色饮食[101]。而在本研究情境下，当居民了解到自身行为对水环境造成严重后果后，可采取的补偿性措施就是接受并采取再生水回用。

在此基础上，本研究以一手调研数据为支撑，结合再生水回用行业的特点，建立适用于再生水回用的规范激活模型。在此基础上，通过代入调研数据建立结构方程模型，对模型中对各指标间的直接和间接影响关系进行量化，以解释环保动机激发政策的作用机理。

三　技术接受模型的扩展

引入技术接受模型用于模拟居民的再生水回用技术接受过程。包括水资源紧缺和水环境破坏在内，当前人类所共同面对的众多环境问题的始作俑者都是人类自己[103]。但这并不意味着一切都无法改变，由于科学技术的发展，以再生水回用技术为代表的高科技，能有效抵消人类活动对自然环境不断增加的影响[104]。但对于潜在消费者而言，再生水是一种新鲜产品，其对再生水仍然没有形成固定的消费观念，甚至对再生水缺少基本的了解。与此同时，再生水对人类的生存和发展而言是至关重要的，甚至可以说迟早有一天人类将不得不使用再生水。因此，寻找最适宜的再生水推广办法，让再生水变得更容易被居民所接受，便成为市场管理者的重要责任[93]。基于此，本书引入技术接受模型，用于模拟居民对再生水回用的技术接受过程。

将自我构建作为示范引导政策的抽象指标。关于自我构建的研究自20世纪90年代被引入消费行为研究领域以来，已成为该领域最受关注的研究热点之一[105]。而示范引导政策正是通过在全社会形成再生水回用的氛围，以人与人之间的相互影响为纽带，从而实现对居民再生水回用行为的引导。因此，将关联型自我构建程度作为示范引导政策的抽象指标，并研究关联型自我构建对再生水回用技术接受过程的影响，能很好地解释示范引导政策的作用机理。

引入关联型自我构建对再生水回用技术接受模型进行拓展。技术接受行为中的行为态度指标代表潜在消费者对行为的好恶，具有关联型自我构建的人更倾向于将自身利益与他人利益联系起来[106]，在行为选择时会更倾向于做出符合社会主流道德规范的行为决策[107]。因此，考虑到再生水回用具有保护环境、造福社会的属性，同时又被大力倡导，故可认为关联型自我构建的强度会正向影响居民对再生水回用的态度。同时，考虑到关联型自我构建强的个体往往会表现出更强的集体主义意识，更倾向于在满足自身需要时兼顾他人利益[108]。

本书正是以此为切入点，将关联型自我构建作为示范引导政策的抽象指标，引入关联型自我构建对技术接受模型进行拓展，研究关联型自我构建对再生水回用技术接受过程的影响，进而解释示范引导政策的作用机理。

四 知识普及政策作用机理模型的建立

根据前人的研究结论可知，居民对再生水回用的了解程度、对水务管理部门的信任程度以及对再生水回用的风险感知程度均能对再生水回用行为产生影响。而通过分别借鉴政府管理和风险管理领域的观点，能发现对再生水回用的了解程度和对水务管理部门的信任程度以及对再生水回用的风险感知程度之间亦存在影响关系。

对水务管理部门的信任程度对居民对再生水回用风险感知程度的影响。根据 Siegrist 等的观点，对水务管理部门的信任被定义为：基于对水务管理部门以及再生水回用项目负责人态度和行为的良好期待，而去选择接受这一存在一定风险项目的倾向程度[109]。根据这一观点，作为个体的普通居民并没有足够的精力和能力去了解关于新技术和新产品的全部信息，而只能基于他们对政府相关部门的信任来进行决策。因此，可以合理地推测，对水务管理部门的信任程度对居民对再生水回用的接受意愿存在潜在影响。

对再生水回用的了解程度对居民对再生水回用的风险感知程度的影响。社会心理学领域的相关研究发现，风险是否能具象化、参与风险事物是否自愿，以及对风险事物是否熟悉对居民的风险感知有重要影响[110, 111]。居民对越不理解的事物，越容易心生畏惧。当前我国再生水回用正处于推广的初期阶段，居民对再生水回用的了解程度十分有限，参与再生水回用项目往往是被动甚至非自愿的，因此在这一阶段居民对再生水回用的了解程度或许将是影响其风险感知程度的重要因素。

对再生水回用的了解程度对居民对水务管理部门信任程度的影响。在众多关于政府信任的研究中，政府的信息公开程度都被当作重要影响因素而得到重视。普遍的观点认为，提高政府运作中的信息公开程度能有效增加居民对政府的信任[112]，这一结论也在一项对我国 32 个城市市民的调研中得到了证实[113]。对于再生水回用行业而言，当前在我国再生水回用推广在很大程度上依赖于政府力量，居民对再生水回用的了解程度也多取决于政府相关部门对再生水回用信息的披露，故而居民对再生水的了解程度这一指标在一定程度上能反映出水务管理部门在涉及再生水回用方面的信息公开程度，故而可认为居民对再生水回用的了解程度会正向影响其对水务管理部门的信任程度。

第七节 本章小结

本章首先介绍了本书中涉及不同再生水回用行为引导政策的理论基础，对国内外学者关于影响居民开展再生水回用行为因素的研究进行了回顾，并对相关研究方法和理论模型进行了综述。

在此基础上，根据本研究的研究内容和研究目的，寻找不同研究中的契合点，将其思路和观点进行融合，并确定了适应本研究的研究方法和理论模型。

第三章

基于扎根理论的再生水回用
公众接受行为影响因素研究

与量化实证研究不同，扎根理论并不提出理论假设，而是直接对调查资料进行分析，提炼出相关概念，进而发展范畴及其相互之间的关联，并在该过程中，探索新资料与已形成的概念、范畴或关系的异同之处，直至新资料中再也没有新的概念、范畴或关系出现，因此利用该方法建立的理论更加系统与全面。国内外利用扎根理论这一探索性的质化研究方法对再生水回用行为进行的研究并不多见，但是在其他环境保护行为方面得到了广泛的应用。王建明等利用扎根理论构建了公众低碳消费模式的影响因素模型，有效地解释了其形成机理[69]。杨智邢等运用扎根理论对可持续消费行为的影响因素进行了探索性研究，构建出可持续消费行为影响因素模型[70]。当前国内外关于城市居民再生水回用行为接受程度影响因素的研究，以量化研究为主，往往针对单个或多个因素的作用效果展开研究。由于各自关注的视角与特定因素不同，其结论存在一定的差异性，缺少对影响因素系统全面的思考，而以扎根理论为代表的质化研究方法，则很好地克服了这个问题。本章在国内外学者的研究基础上，将城市居民再生水回用行为作为研究对象，运用扎根理论的思想与方法，探究影响再生水回用行为的因素，为政府推动再生水回用发展政策的制定提供理论依据。

第一节 研究方法与数据来源

针对城市居民再生水回用行为的影响因素，国内外现阶段并没有较为成熟与全面的理论假设、变量范畴以及测量量表。有研究表明，由于社会情境的影响，问卷调查方法难以获得能够有效代表公众对再生水回用真实态度的数据[114]。为保证数据的质量，本研究通过深度访谈获取用户对再生水回用态度的数据，每人次访谈持续时间为 1 小时，访谈人员记录受访者的访谈录音。在正式访谈前一天告知受访者访谈主题，以便其做好相应准备。在正式访谈时，访谈人员向受访者介绍再生水回用的内涵及相关信息，并对受访者进行答疑，确保其正确理解该次访谈的主题后，依据访谈提纲进行深度访谈。访谈提纲具体内容如表 3 - 1 所示。

表 3 - 1 访谈提纲

访谈主题	主要内容
基本信息	性别、年龄、收入水平、受教育程度、家庭结构、水资源缺乏经历
对再生水回用行为的态度	您对再生水回用有什么看法
	您是否愿意在日常生活中使用再生水，具体在哪些方面愿意使用
	您觉得再生水回用的意义是什么
再生水回用行为的影响因素	您自己或者家人是否使用过再生水
	您是否注意到或参与过再生水回用方面的宣传教育
	您觉得影响您及家人使用再生水的主要障碍是什么
	您觉得社会中没有形成使用再生水的氛围的原因是什么
	您认为政府在促进再生水回用行为方面现阶段做得如何，未来应该采取何种措施

本研究在西安市的十区三县分别随机抽取 3 人，总计 39 人进行

深度访谈，受访人员基本情况统计如表 3 - 2 所示。

表 3 - 2 受访者情况

变量名称	变量描述	比例（%）
性别	男	43.6
	女	56.4
年龄	较低（43 岁及以下）	64.1
	较高（43 岁以上）	35.9
收入水平	低（3000 元及以下）	20.5
	中（3000 ~ 8000 元）	64.1
	高（8000 元及以上）	15.4
教育水平	低［本科（大专）以下］	41.0
	高［本科（大专）及以上］	59.0
家庭结构	家中有未成年子女	38.5
	家中无未成年子女	61.5
水资源缺乏经历	有	30.7
	无	69.3

访谈结束后，将资料汇总，删去其中质量不佳的 6 份访谈，共形成 33 份访谈报告。选取其中 28 份用于扎根分析，通过对原始资料进行概括、归纳，完成开放式编码、主轴编码、选择性编码的过程（见图 3 - 1），对概念之间的联系建构起相关的理论框架，其余 5 份用于理论饱和度检验。

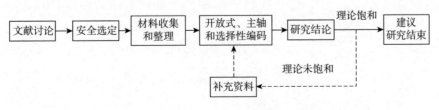

图 3 - 1 扎根研究流程

第二节 范畴提炼及模型构建

一 开放式编码

开放式编码是通过对访谈资料中的原始语句和片段进行编码,实现概念化,并重新组合的过程。在进行开放式编码时,要求对原始资料逐句进行编码、贴标签和登陆。为了减少主观观念的影响,在选择标签时,尽量选取受访者的原始表述,并从中发掘初始概念。由于初始概念数量庞大且存在一定程度的交叉,为深度挖掘居民再生水回用行为的影响因素,本研究剔除出现频率较少的概念,仅保留出现频次 3 次及以上的概念,并进一步提炼,将初始概念范畴化,通过对编码结果的整理,获得 32 个对应初始概念,以及 20 个范畴(见表 3-3)。限于篇幅,本书对每个范畴仅选择有代表性的原始访谈记录语句。

表 3-3 开放式编码范畴化

范畴	初始概念	原始语句
社会规范	大众共识	我们知道湖里是再生水,可大家都觉得没有问题
	他人影响	我经常见人用再生水自动洗车设施洗车,现在我自己也来洗
	媒体宣传	我参与过再生水回用的宣传活动,对再生水回用有一定了解
政策制度	经济政策	再生水比自来水价格便宜很多,用再生水能减少用水费用
	强制规定	上级部门要求洒水车一定要用再生水
设施建设	管网建设	有不少单位向我们表达过想用再生水,但没有管网我们没法给他供
	再生水生产设施建设	由于缺少客户,我们的再生水回用设施现在都处于半停工状态
	加压泵站建设	我们也知道管线远端水压不足,但客户少,管线也少,建加压泵站不划算
污水来源	污水来源	工业废水和生活污水要严格分开,工业废水处理生产的再生水不能给人用

续表

范畴	初始概念	原始语句
再生水处理技术	再生水处理技术	我们厂现在使用的传统再生水技术不太稳定，有时会达不到工厂水质要求
再生水品质	再生水品质	再生水肯定没有我们使用的自来水干净，里面肯定会有污染物
再生水回用用途	再生水回用用途	洗车、冲厕都可以使用再生水，但是厨房用水以及洗衣用水，我是不愿意用再生水的，毕竟再生水再好也是受过污染的
政府信任	对政府意图的信任	政府代表我们群众的利益，会保障好水质安全的
	对政府能力的信任	要一天24小时不间断地监控再生水水质恐怕很难
	对政府提供信息的信任	我对现在的水务部门是有点不放心，每次都说水质达标，可是既然水质达标怎么还出现一些负面消息
风险感知	风险感知	毕竟是从污水生产的，肯定会有一些残留的不干净的东西
行为态度	行为态度	在不影响我和家人身体健康的前提下，我愿意使用再生水
环境关心程度	环保意识	用再生水能保护环境，那当然应该推广再生水
	后果意识	水如果一直浪费下去，会有用完的一天
	责任归因	你看这河里的水，现在时有时无的，还不是因为河里的水都被人用了
	行为效能	多用点再生水就能少用点自来水，对保护环境有好处
价格感知	价格感知	用再生水自助洗车比我们平时去店里洗车便宜很多
行为控制	行为便利性	我回家路上就有再生水自动洗车机，使用很方便
	行为可控性	我不敢肯定供水部门会不会在自来水里掺杂再生水
了解程度	常识了解程度	我上学的时候学过有关的知识，所以算是比较了解
	技术了解程度	现有的处理技术能把再生水处理得多干净呢
年龄	年龄	我们这年龄，过一天算一天，折腾什么再生水
性别	性别	女性更有爱心，应该会更支持这种环保行为
受教育程度	受教育程度	我不识字，再生水我不懂，我也不会去用
收入水平	收入水平	我的工资支付水费还是没问题的，没必要为了省那么点钱，就去用什么再生水
水资源缺乏经历	水资源缺乏经历	我们小时候西安经常停水，每家每户都要拿大缸存水，所有的水都要反复利用好几遍，这就是再生水回用么
家庭结构	家庭结构	我觉得为了下一代的健康，现在这个水有什么不好的后果可能还没有显现出来，谨慎起见，还是不要使用比较好

二　主轴编码

开放式编码的目的是发掘范畴，而主轴编码则是为了从逻辑层面将范畴进行重新归类。发现和建立各个独立范畴之间的逻辑联系，将开放式编码获取的 20 个对应范畴，归纳为 5 个主范畴（见表 3 - 4）。

表 3 - 4　主轴编码形成的主范畴

类别	主范畴	对应范畴	范畴内涵
外部环境影响因素	情境因素	社会规范	社会中关于再生水回用的氛围
		政策制度	社会中关于再生水回用的相关政策制度
		设施建设	再生水回用及配套设施建设情况
供给侧影响因素	再生水回用特点	污水来源	再生水生产原料的来源
		再生水处理技术	再生水的处理技术
		再生水品质	再生水的品质
		再生水回用用途	再生水具体回用用途
需求侧影响因素	潜在用户属性	年龄	调研参与人年龄
		性别	调研参与人性别
		受教育程度	调研参与人受教育程度
		收入水平	调研参与人收入水平
		水资源缺乏经历	调研参与人是否经历过水资源缺乏
		家庭结构	调研参与人所在家庭的人员构成情况
	心理意识	政府信任	对水务管理部门的信任程度
		风险感知	对再生水回用风险状况的感知
		行为态度	对再生水回用行为的态度
		环境关心程度	对于环境问题的关心程度
		价格感知	对于再生水价格高低的感知
	行为能力	行为控制	对再生水回用便利性和可控性的认知
		了解程度	对再生水回用相关知识的了解程度

三 选择性编码

选择性编码的目的是从主范畴中提炼核心范畴，进而建立核心范畴与其他范畴之间的联系。本研究中，通过分析各主范畴与城市居民再生水回用行为的关系，形成了主范畴的典型关系结构（见表3-5）。

表3-5 主范畴的典型关系结构

典型关系结构	关系结构的内涵	代表语句
外部环境影响因素→再生水回用行为	社会规范、政策制度、设施建设所构成的情境因素会促使居民采取再生水回用行为	社会上形成了用再生水的氛围，大家看到别人都在用，自己也会使用再生水
供给侧影响因素→再生水回用行为	再生水回用的污水来源、处理技术、品质、用途所构成的再生水回用特点，对公众再生水回用决策产生直接影响	我只能接受自己家庭生活污水的回用
需求侧影响因素→再生水回用行为	潜在用户属性、心理意识、行为能力决定居民再生水回用行为	人人都有节约用水意识的话，在能用再生水的时候，就都会选择再生水
外部环境影响因素→需求侧客观影响因素	社会规范、政策制度、设施建设所构成的情境因素通过影响需求侧心理意识、行为能力从而促成再生水回用行为	现在西安市实施了阶梯水价，用得越多水越贵，用点再生水应该能省不少水费
供给侧影响因素→需求侧客观影响因素	再生水回用的污水来源、处理技术、品质、用途所构成的再生水回用特点通过影响需求侧心理意识、行为能力从而影响再生水回用行为	如果采纳现在先进的膜技术，处理的再生水水质非常好，肯定会促进再生水的使用

依据典型关系结构，从外部环境影响因素、供给侧影响因素、需求侧影响因素3个类别角度，将情境因素、再生水回用特点、潜在用户属性、心理意识、行为能力5个主范畴，共同归纳为核心范畴"再生水回用行为影响因素"，并建立再生水回用行为影响因素的理论模型（见图3-2）。

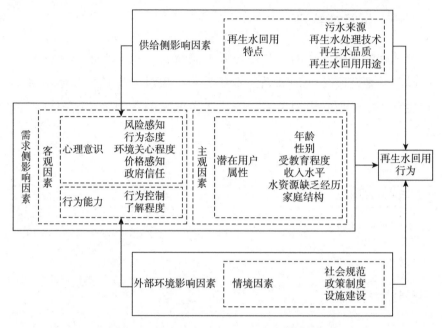

图 3-2 再生水回用行为影响因素理论模型

四 理论饱和度检验

依照前文编码模式，对提前预留的 5 份访谈资料进行编码，并未发现新的范畴，范畴内部亦没有发现新的构成因子。由此可以认为，城市居民再生水回用行为影响因素理论模型已发展得足够丰富，并在理论上达到饱和。

第三节 模型阐释

根据上述再生水回用行为影响因素理论模型，从需求侧、供给侧、外部环境 3 个方面探究了其对城市居民再生水回用行为的影响。其中，需求侧影响因素直接作用于再生水回用行为，包括潜在用户属性、心理意识、行为能力，具体阐述如下。

根据理论模型，可以发现除了年龄、性别、受教育程度及收入水平等个人特征会对再生水回用行为的接受程度产生影响外，经历过水资源缺乏的受访者更愿意接受再生水。与此同时，家中育有未成年子女的受访者则会因为担心再生水回用会对子女产生潜在的危害，从而降低对再生水回用的接受程度。

心理意识则通过影响居民再生水回用行为的偏好来影响其具体的行为。通过研究发现，对再生水回用行为抱有的主观态度，以及对潜在风险的感知，是影响其再生水回用接受程度的重要原因。受访者提到使用再生水时想到其是由污水处理而来会产生心理的不适感，这种不适感在各类研究中被称为"恶心因素"（yuck factor），被证明是影响再生水回用行为的主要决定因素[1]。居民对再生水价格的感知无疑也会对再生水回用行为产生影响。此外，对相关部门越信任的受访者，对再生水回用越积极。同时，由于再生水回用对环境有益，人们对环境问题的关心程度也会对再生水回用行为产生影响。

行为能力也会影响居民对再生水回用行为的接受程度。行为能力主要表现为对再生水回用的了解程度，以及对再生水回用的感知行为控制程度。其中，了解程度包含受访者对再生水回用基本概念等相关知识的了解程度，以及对再生水回用生产技术的了解程度。而再生水回用行为控制程度，则包含公众对再生水回用行为便利性及可控性的认知。在访谈过程中，受访者也表达了对更多再生水相关信息的渴求，尤其是关于回收过程及水质的信息。

供给侧影响因素及外部环境影响因素不仅会直接影响城市居民再生水回用行为，并且通过对需求侧的客观因素即心理意识和行为能力的影响而间接影响城市居民再生水回用行为。供给侧影响因素指再生水回用自身的特点对公众对于再生水回用行为接受程度的影响。根据访谈结果，城市居民更倾向于将再生水用于与人体接触程度较低的方面，这与 Hurlimann 等的研究结果相符[48]。同时，污水来源越安全、处理水平越高、水质越好、与人体接触程度越低的再生水越可以降低居民对再生水回用风险的担忧，通过影响心理意识、行为能力提高其对再生水的接受程度。

外部环境影响因素包括再生水回用相关的社会规范、政策制度及再生水回用设施建设情况在内的情境因素。Cialdini 等提出许多环保行为并不是来源于良好的意识与态度，其主要原因在于社会规范，即大多数人的实际行为和典型做法所产生的强大影响[115]。居民的再生水回用行为也受到这类从众行为的影响，越多的人使用再生水，越能引导再生水回用氛围的形成，对于再生水回用的推广至关重要。同时，关于再生水回用推广的政策制度，以及再生水回用设施建设的完善，可以增强居民行为的便利性与可控性，从而对需求侧的行为能力产生积极作用，影响再生水回用行为，并且良好的氛围与制度也会影响居民的心理意识，从而促使居民实施再生水回用行为。

第四节　本章小结

本章从城市居民再生水回用行为的影响因素着手，通过开放式访谈，采用扎根理论进行分析，构建了影响再生水回用行为的理论模型，研究表明：①供给侧的再生水回用特点，需求侧的城市居民的潜在用户属性、心理意识、行为能力及外部环境的情境因素这 5 个主范畴会直接影响再生水回用行为；②供给侧的再生水回用特点、外部环境的情境因素通过影响需求侧城市居民的心理意识、行为能力间接影响其再生水回用行为。因此，在促进城市居民再生水回用行为时可以多角度考虑，不仅从再生水回用的基础设施建设等情境因素或再生水的品质等供给侧因素着手，也应考虑作为潜在消费者的城市居民的心理因素及行为能力的需求侧因素，从而提升其对再生水的接受程度，促进再生水的推广及利用。

根据上述分析，从供给侧、需求侧、外部环境 3 个方面提出以下建议。

供给侧方面：规范再生水回用的污水来源，制定并完善再生水各类用途使用标准；在科研创新方面加大投入，提高再生水的处理技术，优先在公众接受程度较高的再生水回用用途上进行推广。

需求侧方面：加强再生水相关知识的传播，采取多种传播形式，多方面宣传，提升公众对再生水相关知识的了解程度；加强环保教育，提高公民环保意识，强调环境问题造成的后果，以此强化其责任意识，从而对环保行为产生积极影响；定期监测控制措施实施情况和再生水质量，建立有效的报告机制，及时提供相关的信息，增强公众对再生水质量和政府管理水平的信心，提高对再生水回用的行为控制程度；制定适宜的再生水水价，使其价格相对于同用途的自来水而言具有竞争力，从而鼓励公众使用再生水。

外部环境方面：建立相应的再生水行业进入标准，采取多元筹集资金的模式，扩大再生水利用设施及管网建设的投资规模；完善再生水相关政策的制定，规范政府行为，增强公开性，建立能够听取公众建议的沟通渠道与平台，提升公众参与感；加强再生水相关设施的建设，为使用者提供便利的使用条件，建设试点工程，在全社会营造再生水回用的氛围，以此引导再生水的使用。

第四章

基于内隐联想测试的城市居民再生水回用
行为引导政策作用效果实验研究

当前我国快速的城市化进程和社会经济发展所造成的水环境污染和水资源供需缺口拉大，给我国再生水回用技术的推广提出了极高的要求。而国内鲜有研究从再生水真正的服务对象即公众对再生水的接受程度入手，寻找再生水回用技术在中国推广难的深层原因。同时，对于再生水这一明显带有环保、公益色彩的产品，居民往往可能会因为面子、声誉或者仅仅是为了迎合社会偏好而隐瞒自己的真实想法，表现出对再生水回用更为积极的态度，故而通过问卷调查形式往往难以了解居民对再生水回用的真实态度。而内隐联想测试（IAT）能很好地克服这一问题，IAT通过精妙的实验设计，让实验参与人在实验过程中无法了解实验的目的，从而使得实验结果（内隐态度）更接近居民的真实想法。

在内隐社会认知研究领域众多经典案例，如 Stroop 任务、语义启动任务、无意识启动任务等的基础之上，Greenwald 等在 1998 年提出了同样基于反应时间范式的内隐联想测试[20, 116]。通过精妙的实验设计，以相容和不相容分类的反应时间之差作为概念之间联系强度的指标[79]，并将其用于暴露实验参与人对实验对象的真实态度，让实验人在实验过程中无法揣测实验组织者到底需要测什么，有效地防止了实验参与人在实验过程中对实验结果的修正[117]，相对于其他态度测试方法，内隐联想测试具有更高的效度。因此，内隐联想测试在近些年发展迅速，如今已在消费预测、行为健康甚至是对总统选举选情估计等诸多领域得到广泛应用[118]。该部分研究采用适应于单一变量的内隐联想测试变式——单类内隐联想测试作为研究方法。

第一节 研究假设、研究方法与数据来源

一 研究假设

通过内隐联想测试获取的居民对再生水回用的内隐态度相对于外显态度而言，会更接近居民对再生水回用的真实态度。那么，居民是否会因为"心理感染"现象，而对经由污水处理而成的再生水表现出消极的内隐态度？为了确定"心理感染"现象是否真实存在，提出假设1。

假设1：居民会对经由污水处理而成的再生水产生消极的内隐态度。

由于再生水回用具有环保、公益的特点，居民在表达对再生水回用行为的态度时，往往可能会出于声誉、面子等因素而在问卷调查中给出相对于真实想法更积极的外显态度。基于此，提出假设2。

假设2：居民对再生水回用的外显态度相对于其内隐态度而言会更积极。

为进一步了解居民再生水回用行为的有效干预策略，本研究将分别通过在实验过程中设置环保动机激发刺激、示范引导刺激以及知识普及刺激，对不同类型干预策略的作用原理进行模拟，并通过对刺激前后实验参与人对再生水回用的内隐态度的组内比较，以确定不同类型干预策略对居民再生水回用"心理感染"现象的作用效

果。基于此，相应提出假设3、假设4、假设5。

假设3：通过激发实验参与人再生水回用而保护环境的动机，能使居民对再生水回用的内隐态度变得更积极。

假设4：通过营造身边很多人参与再生水回用的氛围，能使居民对再生水回用的内隐态度变得更积极。

假设5：通过提高实验参与人对再生水回用的了解程度，能使居民对再生水回用的内隐态度变得更积极。

二 研究方法

1. 实验基本情况介绍

（1）实验时间。实验开展时间为2016年5月26日至6月22日，在此期间不间断邀请实验参与人赴实验室参与内隐联想测试。

（2）实验参与人员。共邀请101人参与实验（最终获取93组有效数据），具体介绍如表4－1。实验参与人员均为右利手，视力正常或校正后正常，参与实验时不存在极端情绪。

表4－1 再生水回用单类内隐测试实验样本情况描述

变量名称	变量描述	总样本（人）	有效样本（人）
年龄	(20，30]	51	45
	(30，40]	40	38
	40以上	10	10
性别	男	40	37
	女	61	56
受教育程度	本科以下	5	5
	本科	51	45
	研究生及以上	45	43

（3）实验准备。实验参与人员均提前预约。首先邀请实验参与人阅读知情协议，确保实验参与人员在了解实验基本目的的情况下

自愿参与实验。在实验参与人签署知情协议后，要求实验参与人根据真实情况填写利手调查问卷以及正负情绪量表（PANAS），筛除左利手以及带着极端情绪参与实验的实验参与人。

2. 实验过程

在该阶段实验过程中实验参与人员将面对预先安装了 E-prime 2.0 程序的电脑，完成关于再生水的 SCIAT 反应任务。反应任务结束后，实验参与人员被要求填写一张包含外显态度测试和行为倾向的问卷。外显测试环节置于内隐测试环节之后，有利于避免外显测试对内隐态度产生的影响[116]。

采用 SCIAT 测试实验参与人员对再生水回用的内隐态度。关于再生水的 SCIAT 测试环节分为两部分，所有实验参与人员采用同一测试程序进行统一顺序的内隐测试。其中，每部分又可被分为首先进行的 24 组练习组和紧随其后的 48 组正式实验组。在第一部分，"再生水"和"积极"被归为一类，对应按键反应"F"。"消极"归为另一类，对应按键反应"J"。不同类型的反应词以随机顺序呈现，但"积极词""消极词""再生水"对应的刺激物在呈现频率上保持 7∶10∶7，故而在该部分实验中正确答案为"F"和"J"的概率分别为 58% 和 42%。在第二部分，"积极"被归为一类，对应按键反应"F"。"再生水"和"消极"被归为一类，对应按键反应"J"。"积极词""消极词""再生水"对应的刺激物出现频率为 10∶7∶7，呈现顺序随机，该部分实验中正确答案为"F"和"J"的概率分别为 42% 和 58%。实验过程如表 4-2 所示。

表 4-2　再生水回用单类内隐联想测试过程

环节	次数	组别	反应键	
			"F"键	"J"键
正序组	24	测试组	积极词+再生水	消极词
	48	实验组	积极词+再生水	消极词

续表

环节	次数	组别	反应键	
			"F"键	"J"键
反转组	24	测试组	积极词	消极词 + 再生水
	48	实验组	积极词	消极词 + 再生水

每组实验开始前都会用相应的提示语，介绍下一阶段实验的规则和要求。属性词为"积极"和"消极"两类，刺激物为"再生水"。每个属性词的词集分别由 19 个常见的两字词组成。积极词语：优质、喜欢、安全、健康、优秀、好的、舒适、喜悦、愉快、干净、洁净、舒畅、清澈、环保、有益、赞同、信任、有用、高兴；消极词语：劣质、讨厌、危险、病弱、糟糕、坏的、难受、忧伤、痛苦、肮脏、污秽、郁闷、浑浊、污染、有害、反对、怀疑、没用、难过。刺激物的图片集由 7 张代表再生水生产使用环节的图片构成，如图 4 - 1 所示。

a.再生水厂工作人员    b.再生水洒水车    c.再生水厂

d.再生水指示牌    e.再生水自动洗车    f.再生水用于城市水景    g.再生水井盖

图 4 - 1　再生水生产使用环节

资料来源：作者自主拍摄。

在实验界面设计上，实验程序界面的左上角和右上角会分别显示对应"F"和"J"按键反应的提示词，刺激物会出现在屏幕中

间。刺激图片会始终呈现在屏幕中央，直到实验参与人做出按键反应。在每个实验部分的练习阶段，当实验参与人做出按键反应后，将会在屏幕中央出现持续 150 毫秒的代表反应对错的反馈，当反应正确时出现绿色的"O"，反应错误时则出现红色的"X"，提示实验参与人进行修正，如图 4-2 所示。

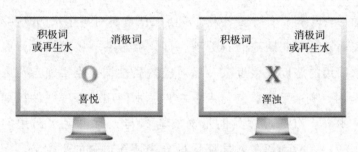

图 4-2　再生水回用单类内隐联想测试示例

程序后台会自动记录每次按键反应所花费的时间（单位精确到毫秒）及反应的对错情况，作为原始数据。对于回答错误选项的反应时间，在数据汇总时将其加上 400 毫秒作为错误反应时间的补偿，错误率大于 20% 的实验对象则从实验数据中剔除。为了防止极端值对数据造成过大的影响，将反应时间低于 350 毫秒及高于 2000 毫秒的数据剔除[79]。在完成以上数据处理过程之后，首先将每部分反应时间数据取平均数，而后采用 D 值法[117]测算不同实验参与人员的 D 值，即通过将不同正式实验环节反应时间平均值差相减所得数据取平均值而得，以为后续内隐态度分析做参考。具体过程即用正序组正式实验环节的平均反应时间减去反转组正式实验环节的平均反应时间。故而在该 SCIAT 实验中，D 值为负值，表示该实验参与人员对再生水回用的内隐态度为积极；反之 D 值为正值，表示该实验参与人员对再生水回用的内隐态度为消极。同时，D 值的绝对值越大，表示态度偏离越明显。

采用外显问卷测试实验参与人员对再生水回用的外显态度。在这一环节，实验参与人员被要求在关于再生水回用的语义差异测定题、态度打分题和支持程度评定题[118]上作答。语义差异测定题采用李克特7级量表，"-3"代表负极，"3"代表正极。该部分由5道题构成，题中代表量表左右两极的属性词分别为5组常见的反义词：坏的—好的、丑的—美的、不开心的—开心的、反对的—赞同的、讨厌的—喜欢的。实验参与人员需要根据自身对再生水的真实感受，勾选离两极词不同距离的打分项。打分项距某一极更接近则表示对再生水回用的态度更接近某一极对应的属性词。当实验参与人选择"0"分时，则表示实验参与人员对再生水回用的态度在两极属性词间保持中立。该5道题共同指向实验参与人对再生水回用的态度（$\alpha = 0.871$），故而语义差异测量得分为该5道题的平均分。态度打分题则要求实验参与人员根据自己对再生水回用的真实态度，评定再生水回用究竟是积极还是消极，打分范围从0（代表极度消极）至100（极度积极）。支持程度评定题的形式则为实验参与人通过在一个6级量表上进行打分，来表达对陈述"我非常支持再生水回用"的支持程度，打分越高则表示支持程度越高。3个类型的问题共同指向实验参与人员对再生水回用的外显态度（$\alpha = 0.845$），故实验参与人员的外显测试最终得分可计算为3种类型测试答案统一量纲之后的均值。

对实验参与人进行干预刺激，并在刺激后再次进行内隐态度测试。将实验参与人员随机分为3组，并分别模拟环保动机激发策略、示范引导策略和知识普及策略的作用原理设计刺激环节，对3组实验参与人分别进行刺激，以作为研究不同干预策略作用效果的对照组。

对照组1：环保动机激发刺激（共28人）。为模拟环保动机激发策略的作用原理，在干预刺激环节实验参与人员同样被要求观看一段时长3分钟的自动播放视频。在视频的前半段，首先播放人类活动造成水资源过度开采和水环境污染的一系列触目惊心的景象，以强化居民对水资源消耗、水环境破坏的责任意识和后果意识。而后介绍再生水能增加水资源供给、减少水环境污染的特点，再告知大家再生水回用是解决当前西安市水危机的有效办法。

对照组 2：示范引导刺激（共 32 人）。

为模拟示范引导策略的作用原理，在干预刺激环节实验参与人员将被要求观看一段主题为"再生水其实离我们的生活并不远"的时长 3 分钟的视频。由于实验在西安开展，所以选取了距离实验参与人员生活较为接近的西安市 7 处典型再生水回用工程，图文并茂地对大家进行介绍，给实验参与人员营造了一种身边其实就有很多再生水回用工程、身边很多人已经直接或者间接地参与到了再生水回用工程当中的氛围。

对照组 3：知识普及刺激（共 33 人）。

为模拟知识普及策略的作用原理，在干预刺激环节实验参与人员将被要求观看一段介绍再生水知识的视频，播放时间总长度为 3 分钟。在视频中图文并茂地介绍了再生水的定义、生产原理，此外在制作该视频前实验组织者甚至专程去某再生水厂搜集图片资料，并配合文字介绍在视频中为实验参与人员展示了再生水生产的全部环节。

在刺激完成之后，实验参与人员将被要求休息 5 分钟，然后在不改变刺激物的前提下，将干预刺激前采用的内隐联想测试程序刺激物呈现顺序进行调整，以避免对照组实验中实验参与人因记得上一阶段的答题顺序而对实验结果造成的影响。

第二节　结果及分析

一　居民对再生水回用的内隐态度

通过对干预刺激前内隐联想测试的实验数据进行汇总，得到最终数据（见表 4 - 3）。

表 4 - 3　干预刺激前再生水回用内隐联想测试实验数据汇总

实验环节	均值	标准差
正序组平均反应时（P）	814.579	145.947
反转组平均反应时（N）	760.184	147.186
D 值（P - N）	54.395	55.126

由表 4 - 3 可见 D 值为代表消极内隐态度的正值（D = 54.395）。通过配对样本 T 检验，发现正序组与反转组实验参与人反应时间数据差异显著 [t（93）= 9.516，P < 0.001]，可知居民对再生水的内隐态度较为消极，假设 1 成立。

二　居民对再生水回用外显态度与内隐态度对比

在对外显数据进行汇总时发现其均值达到 79.284（SD = 9.511），远高于代表无明显偏好的 50 分，显示出实验参与人对再生水回用具有积极的外显偏好。将其与之前所获得的消极内隐态度进行比较，可发现实验参与人员对再生水回用的外显态度相对于内隐态度而言明显更积极，故可验证假设 2 亦成立。

三　干预后居民对再生水回用的内隐态度

在进行该部分数据分析时，首先将 3 组对照组前后部分的 D 值以及平均反应时间进行对比，确定干预后 3 组实验参与人员对再生水回用的内隐态度；而后，将 3 组对照组数据分别与其对应干预刺激前内隐联想测试的结果进行组内比较，以确定 3 种干预形式的影响是否显著存在，确定其影响方向，并对研究假设进行检验。

在数据处理过程中，仍采用与干预刺激前内隐联想测试实验相同的处理手段，最终收集到 3 组对照组内隐联想测试的数据（见表 4 - 4）。

表4-4 再生水回用内隐联想测试对照组实验数据汇总

组别	对照组1		对照组2		对照组3	
	均值	标准差	均值	标准差	均值	标准差
正序组平均反应时间（P）	787.952	130.434	774.736	142.792	773.722	139.033
反转组平均反应时间（N）	783.912	125.802	797.484	135.034	760.796	146.442
P-N值	4.040	50.307	-22.748	45.533	8.926	52.957
正序组与反转组平均反应T检验结果	t（28）=0.447，P=0.658		t（32）=-2.782，P<0.05		t（33）=2.303，P=0.513	

由表4-4可知，经刺激后，对照组1实验参与人对再生水回用的内隐态度变为中立（P>0.05）；对照组2实验参与人对再生水回用的内隐态度变为积极（D<0，且P<0.05）；对照组3实验参与人对再生水回用的内隐态度中立（P>0.05）。

四 干预策略的作用效果

通过配对样本t检验，分别比较干预刺激前后D值的显著性，以验证不同干预策略的影响效果是否存在，并确定其作用效果，比较结果如表4-5。

表4-5 再生水回用内隐联想测试组内比较数据统计

数据类别	对照组1平均反应时间差	对照组2平均反应时间差	对照组3平均反应时间差	D值	标准差
基线组1平均反应时间差	t（28）=5.568，P<0.001			54.040	55.375
基线组2平均反应时间差		t（32）=6.625，P<0.001		54.672	65.293
基线组3平均反应时间差			t（33）=4.476，P<0.001	54.474	44.602
D值	4.040	-22.748	8.926		
标准差	50.307	45.533	52.957		

注：基线组n的数据，即为对照组n的实验参与人在干预刺激前阶段内隐联想测试实验结果。

通过将对照组与基线组反应时间差数据进行配对样本 T 检验，可发现 3 组实验参与人在刺激前后平均反应时间差均区别显著（P < 0.001），同时，3 组实验参与人对再生水回用的内隐态度由基线组的消极，分别变为中立、积极和中立。故可得出，经 3 种类型的刺激后，实验参与人对再生水回用的内隐态度均变得更积极，假设 3、假设 4、假设 5 均成立。

同时，其中对照组 2 实验参与人对再生水回用的内隐态度变为积极，而对照组 1 和 3 则仅变为趋近中立。故而可判断，示范引导刺激在 3 个类型的刺激中起到了最明显的作用效果。

通过对表 4 - 5 中对照组 3 与基线组 3 的组内比较，可发现实验参与人在经过知识普及刺激前后平均反应时间差区别显著 [t（33）= 4.476，P < 0.001]，同时知识普及后实验参与人对再生水回用的内隐态度由消极变为中立（知识普及前 D = 54.474，且前后环节反应时间差值区别显著，t（33）= 6.800，P < 0.001）。故可知通过提高实验参与人员对再生水回用的了解程度，能使居民对再生水回用的内隐态度更积极，假设 5 成立。

五　结论与建议

第一，居民对再生水回用的态度存在"心理感染"现象。根据 Rozin 的定义，居民对再生水回用的"心理感染"，是再生水经由污水处理而成，所造成的居民对再生水不洁的刻板认知[1]。这一认知根植于居民的内心深处，不会因污水中污染物的去除而消失。故而，若居民对再生水回用的"心理感染"现象存在，则无疑会让居民本能地对再生水回用产生更消极的认知，而这一认知又能够通过内隐联想测试中实验参与人对相容和不相容概念归类的反应时差反映出来。可见，内隐联想测试的结论对于"心理感染"现象是否存在具有很好的验证效果。本研究通过发现居民对再生水回用存在消极的内隐态度，从内隐态度的层面验证了居民对再生水回用存在"心理感染"现象。同时也启示我们在关注如何去除污水中污染物的同时，还应当努力寻找克服居民对再生水回用偏见的办法。单纯建设再生水回用基础设施，而忽视对居民的教育和引导，可能最终带来的并不是再生水回用行业的繁荣发展，而是一堆没有用户的过剩产能。

第二，揭示了再生水回用"叫好不叫座"现象背后的成因。当前再生水回用在我国出现了"叫好不叫座"的现实问题，即居民往往口头上认为再生水好，却在实际的再生水回用行为决策时选择了退却，这也反映在再生水回用舆论上一片叫好，却在实际推广过程中举步维艰的现实情况中。关于居民对再生水回用偏见的研究能对这一现象的发生给出一定解释，即居民出于对曾受污染的水资源的厌恶而对再生水回用心存芥蒂，污水中的污染成分可以通过污水处理技术去除，但这些技术对于存在于居民意识深处的偏见束手无策。同时，再生水回用所具备的保护水资源、改善水环境的功能，让再生水回用与环保、公益等代表奉献精神的积极概念联系在了一起，对再生水回用所表现出来的态度会更多地与一个人的声誉和面子联系在一起。因此通过自我报告获得的居民对再生水的外显态度可能会受到社会主流价值观的影响，居民会更倾向于表达出对再生水的积极态度[119]。与此同时，由于内隐联想测试具备让实验参与人难以隐瞒真实想法的特点，其所测得的内隐态度会更接近居民对再生水回用的真实态度，故而内隐态度与外显态度的偏离实则反映了居民对再生水回用的真实态度与通过调查问卷形式所获得的外显态度之间的偏差，而这或许正是造成再生水回用"叫好不叫座"现象发生的重要成因之一。这也能启示我们，居民对再生水回用的真实态度并没有他们号称的那么积极，提升居民对再生水回用的真实态度，或许比用道德观念绑架大家表面上支持再生水回用更加有效。

第三，验证了环保动机激发策略能有效缓解居民对再生水回用行为的"心理感染"现象。根据实验结果可知，通过控制实验变量模拟环保动机激发刺激的作用原理后，实验参与人对再生水回用的态度从消极变为中立。这一现象的发生能从亲环境行为研究领域关于人的环境保护动机角度得到解释，当认识到水资源危机的存在，以及再生水回用对于保护水资源、水环境的有益作用之后，居民会将使用再生水与保护环境、奉献社会等积极的想法联系起来。因此，该部分研究证明，环保动机激发策略能有效地改善居民对再生水回用的真实态度，进而引导居民的再生水回用行为。

第四，验证了示范引导策略能有效缓解居民对再生水回用行为的"心理感染"。在得知身边很多人参与了再生水回用以后，实验参与人对再生水回用的态度由消极变为积极。这一变化或许能从人的从众心理上找到根源，众多身边的再生水回用案例和居民的参与，向实验参与人传递了再生水很安全的正面信息，能潜移默化地让居民对再生水回用的态度变得更积极。这也给了我们一些启示，比如通过试点的方式邀请更多的人参与到再生水回用中，或是通过邀请更多影响力大、影响面广的公知等方式在全社会营造再生水回用的氛围，能对居民的再生水回用行为产生很好的引导效果。

第五，验证了知识普及策略能有效缓解居民对再生水回用行为的"心理感染"。通过对研究结果的观察，可发现提高实验参与人对再生水回用的了解程度后，实验参与人对再生水回用的态度由原本的消极变为中立，可见经过知识普及刺激后试验参与人对再生水回用的态度变得更积极。这或许是因为提高了对再生水回用的了解程度后，居民对再生水回用有了更理性的认识，从而改变了众多由于此前对再生水回用不了解而形成的错误认识。因此可得出结论，知识普及型策略能有效地改善居民对再生水回用的真实态度，进而引导居民的再生水回用行为。

第六，在3种类型的干预策略中，示范引导策略对居民再生水回用行为的引导效果最好。通过对不同类型刺激作用效果的对比，可以发现示范引导刺激对于改善实验参与人员对再生水回用的态度具有最显著的效果。

第三节　本章小结

首先，通过内隐联想测试的实验手段，对更接近居民对再生水回用真实态度的内隐态度进行了测度，发现居民对再生水回用的态度消极，验证了居民对再生水回用存在偏见。

其次，通过将居民对再生水回用的内隐态度与问卷调查所得的外显态度进行比较，发现居民对再生水回用的外显态度相对于内隐态度而言更为积极的现象，并应用这一研究结论解释了当前再生水回用行业推广过程中"叫好不叫座"的现状。

最后，分别通过在实验过程中设置环保动机激发刺激、示范引导刺激以及知识普及刺激，对不同类型政策的作用原理进行模拟，并通过对刺激前后实验参与人对再生水回用的内隐态度进行组内比较，发现了刺激后试验参与人对再生水回用的内隐态度均变得更为积极。从而在实验室环境下验证了，环保动机激发政策、示范引导政策及知识普及政策均能对居民的再生水回用行为产生良好的引导效果，并发现其中示范引导政策的作用效果最为明显。

第五章

城市居民再生水回用行为引导政策
作用效果的田野实验

考虑到内隐联想测试作为实验室实验存在难以还原真实决策环境，从而会导致实验结论偏离真实决策结果的固有缺点，因此本章在自然环境下寻找能代表不同类型政策作用原理的抽象指标，将其作为控制变量，对调研样本进行分组，并通过比较组间调研参与人对再生水回用行为的接受意愿，在真实环境下了解不同政策的作用效果，从而与内隐联想测试所获得的关于政策作用效果的结论相互验证，以使研究结论更令人信服。

第一节　政策作用效果的田野实验方案设计

为获取研究所需数据，本次调研以第六次全国人口普查中关于西安市各行政区域人口分布的权威数据为分层依据，在西安市辖区内进行分层随机抽样。调研前期对 10 名调研员进行调研相关基础知识培训，而后在 2016 年 9 月 16 日至 10 月 16 日，在各区县内随机选取的街道、中心广场、商场以及公园内进行随机调研。

一 调研问卷统计量

本次调研共计发放问卷714份，回收有效问卷584份，问卷有效率82%，具体问卷统计量数据如表5-1。

表5-1 调研样本统计量

地区名称	问卷有效率（%）	有效问卷数（份）	无效问卷数（份）	有效问卷占总有效问卷比例（%）	地区人口数（人）	地区人口占总人口比例（%）
雁塔区	82	86	19	15	1178529	14
新城区	89	64	8	11	589739	7
周至县	84	41	8	7	562768	7
阎良区	89	24	3	4	278604	3
灞桥区	88	42	6	7	595124	7
长安区	84	53	10	9	1083285	13
未央区	82	59	13	10	806811	10
高陵区	68	17	8	3	333477	4
蓝田县	84	37	7	6	514026	6
户县	78	42	12	7	556377	7
临潼区	85	45	8	8	655874	8
莲湖区	69	41	18	7	698513	8
碑林区	77	33	10	6	614710	7
总计	82	584	130	100	8467837	100

调研参与人基本情况介绍如表5-2。

表5-2 调研样本情况描述

变量名称	变量描述	样本量统计（个）
年龄	43岁及以上	120
	43岁以下	454
性别	男	127
	女	447

续表

变量名称	变量描述	样本量统计（个）
学历	本科及以上	301
	本科以下	280

注：为避免调研参与人产生厌烦情绪，在问卷填写时，对涉及个人隐私的问题并未做强制性要求，故可能存在部分问卷在某项问题上未作答现象。

二　问卷有效性控制办法

为了尽量减少调研参与人员误解题意、随意答题等造成的数据干扰，笔者在实验设计及问卷发放阶段采取了相应的措施，以尽可能地保证收集到的样本数据能够代表西安市居民的真实想法。

第一，保证问卷题项的表面有效性。在问卷设计完成后邀请多人进行试填，确保调研问卷通俗易懂，各类人员均能正常理解。

第二，防止调研参与人员不理解问卷内容。在问卷的第一页，向市民介绍了调研目的，并用通俗易懂的语言结合图示、态度中立地描述了问卷中不可避免出现的专业词"再生水"（见附录5）。

第三，减少调研人员主观因素对调研结果的影响。统一对调研员进行培训，要求调研员在调研时统一佩戴实名调研证件，并在调研参与人员开始答题前明确告知其调研结果仅用于科研，调研团队的立场中立，对结果并无期待，希望大家根据真实想法认真答题。

第四，避免题目顺序对调研结果的影响。考虑到调研参与人员在作答过程中可能因为注意力分散、疲劳等原因在答题过程中出现前后选项不一致的现象，故在调研过程中，研究人员3次随机调整了题目的前后顺序，以减少由题目顺序造成的前后调研问题答案不一致对研究结论的影响。

第五，减少漏答造成的问卷数据损失。要求调研人员回收每份问卷时仔细检查问卷作答是否有遗漏，若有遗漏则请调研参与人员补答。

第六，防止调研时间对样本随机性的影响。在调研时间选取上采用周末全天、周内每日半天的方式，以避免周内为上班族工作时间而导致的样本结构失衡。此外，在调研时间的选取上也尽量保证上午时间和下午时间的均衡，以防止作息规律对样本随机性的影响。

第七，防止游客对调研人群总体的干扰。调研区域西安为我国的重要旅游景点，且调研时间段跨越游客量最大的"十一黄金周"，而本次调研的初衷是对西安市居民进行分层随机抽样调研，故在 9 月 27 日至 10 月 10 日期间停止了调研，以免大量游客混入调研样本影响抽样效果。

第二节　基于田野实验确定政策作用效果

为有效弥补内隐联想测试难以有效模拟真实决策环境的缺陷，本章首先将不同类型引导政策抽象为在自然环境下便于控制的变量，在调研过程中设置实验对照组，进而对调研参与人的再生水回用接受意愿进行组间比较，验证不同类型政策对居民再生水回用行为的引导效果。

一　变量的选取

为了在自然环境下实现确定不同类型政策作用效果的研究目的，首先应当选取既能代表政策作用原理，又便于在自然环境下进行控制的变量，作为控制变量。基于以上两方面考虑，选取抽象变量如下。

1. 选取水资源极度缺乏的经历作为环保动机激发政策的抽象变量

环保动机激发刺激主要是通过提高居民的环境危机意识，进而实现对居民再生水回用行为的引导效果，而水资源极度紧缺的经历，无疑会强化居民的环境危机意识。故而，通过将水资源极度缺乏的经历作为控制变量，能很好地获取环境危机意识存在显著区别的对照组。通过对调研参与人的再生水回用接受意愿进行组间对比，对环保动机激发政策的作用效果进行有效的预测。

2. 选取不同地区再生水回用的推广程度作为示范引导政策的抽象变量

示范引导政策是通过在社会营造使用再生水的氛围，利用居民的从众心理实现对其再生水回用行为的引导，而不同地区再生水回用推广的实际情况能有效地反映当前该地区的再生水回用氛围。本次分层抽样调研在西安市不同行政区域内进行，并通过将再生水回用推广程度不同的区域的调研参与人进行合理分组，从而实现对再生水回用推广程度变量的控制。在此基础上，对调研参与人的再生水回用接受意愿进行组间对比，从而确定再生水回用推广程度变量对居民再生水回用接受意愿的影响，进而实现对示范引导政策作用效果的预测。

3. 选取再生水使用经历作为知识普及政策的抽象变量

知识普及政策是通过提高居民对再生水的了解程度，进而引导其参与再生水回用，再生水的使用经历无疑能大幅提高居民对再生水回用的了解程度。与此同时，关于再生水使用经历的衡量指标又相对客观，便于在自然环境下有效控制变量。因此，本章采用再生水回用经历作为知识普及政策的抽象指标。以此为基础对调研参与人进行分组，并通过对调研参与人对再生水回用的接受意愿进行组间比较，确定知识普及政策对居民再生水回用行为的引导效果。

二 变量介绍

1. 再生水回用接受意愿（Acceptability of Recycled Water, ACC）

在本章中，居民的再生水回用接受意愿被作为因变量，通过比较对照组与基线组调研参与人员对再生水回用的接受意愿，衡量不同政策对再生水回用行为的引导效果。在选取居民再生水回用接受意愿的测量指标时，参照国家质量监督检验检疫总局 2002 年发布的《城市污水再生利用——分类》（GB/T 18919—2002）中对再生水回用类型的划分，选取其中和城市居民联系较为紧密、便于调研参与人理解的城市杂用用途作为再生水回用接受意愿的测度指标（见表5－3）。

表 5－3　再生水回用接受意愿测量

构面名称	概念解释	题号	题项
再生水回用接受意愿	对不同再生水回用用途的接受意愿	ACC1	将再生水用于住宅入户冲厕
		ACC2	将再生水用于城市道路冲洒
		ACC3	将再生水用于消防
		ACC4	将再生水用于住宅小区绿化
		ACC5	将再生水用于洗车

2. 水资源极度缺乏的经历

通过设置问题"是否经历过水资源极度缺乏"，获取代表调研参与人经历过水资源极度缺乏的数据"1"（共 269 人），或未经历过水资源极度缺乏的数据"0"（共 315 人），并依据这一数据将样本分为水资源极度缺乏经历不同的两组。

3. 区域再生水回用推广程度

当前西安市再生水回用，以依靠市政再生水管网输送的集中式再生水回用模式为主，以小型分散式再生水回用模式为辅。当前集中式污水处理模式的推广主要集中在大型污水处理厂及再生水输送管线周围，即在莲湖区、未央区、灞桥区及雁塔区。与此同时，以高校为主的部分大型单位亦逐步开始实施再生水回用，主要集中在长安区。故而将在再生水回用推广程度相对较高的莲湖区、未央区、灞桥区、雁塔区及长安区获取的调研数据归为一组（共 281 人），将其余从再生水回用推广程度相对较低地区获取的数据归为另一组（共303人），从而实现以再生水回用推广程度作为控制变量对调研参与人进行分组。

4. 再生水使用经历

通过设置问题"是否使用过再生水"，获取代表调研参与人使用过再生水的数据"1"（共182人），或未使用过再生水的数据"0"（共402人），并以此为基础将样本分为再生水使用经历不同的两组。

三　研究假设

本章通过在自然条件下选取3组抽象变量，来模拟不同类型政策的作用原理。根据实验目的，在实验开始前分别假设不同政策均会对居民的再生水回用行为产生积极的引导效果，故而分别提出以下研究假设。

假设1：经历过水资源极度缺乏的居民对再生水回用的接受意愿更高。

假设2：再生水回用推广程度高的地区的居民对再生水回用的接受意愿更高。

假设3：有过使用再生水经历的居民对再生水回用的接受意愿更高。

四　数据分析及假设检验

为确定不同控制变量对再生水回用接受意愿的影响，采用方差分析法进行比较研究。在选取进行方差分析的数据处理方法时，考虑到结构方程模型具有能够处理潜在变量、减少数据信息损失的优点[22]，首先建立关于居民再生水回用接受意愿单一潜变量的结构方程模型，进而采用 AMOS 21.0 软件进行方差分析处理。

1. 信度与效度分析

为确定问卷信度是否达标，首先对代表信度水平的克朗巴哈系数（α）进行测量，检验结果见表 5 - 4。α 值超过 0.7 的可接受标准，说明问卷信度良好。在效度检验方面，采用在该领域运用最广泛的检验项目，即收敛效度和区分效度，进行检验。在进行收敛效度检验时，遵循 Fornell 和 Larcker 的建议，关注标准化因素负荷量（Std.）、组成信度（CR）、收敛效度（AVE）等指标[120]。根据表 5 - 4 的检测值可知，标准化因素负荷量均大于 0.6，且非标准化检验均显著。CR 值大于 0.7，符合 Fornell 和 Larcker，以及 Hair 等的建议标准[120, 121]。同时 AVE 值大于 0.5，亦符合 Fornell 和 Larcker 所建议的标准。故可得出结论，各构面收敛效度良好。

表 5 - 4 接受意愿结构模型的信度和收敛效度

构面	题目	参数显著性估计				标准化因素负荷量（Std.）	题目信度（SMC）	组成信度（CR）	收敛效度（AVE）	克朗巴哈系数（α）
		Unstd	S. E.	t 值	P					
再生水回用接受意愿	ACC1	1. 000				0. 907	0. 823	0. 957	0. 816	0. 956
	ACC2	1. 085	0. 042	25. 745	***	0. 917	0. 841			
	ACC3	1. 012	0. 041	24. 407	***	0. 899	0. 808			
	ACC4	1. 010	0. 041	24. 526	***	0. 900	0. 810			
	ACC5	0. 989	0. 041	23. 992	***	0. 893	0. 797			

2. 模型拟合度分析

在前文已验证数据信度、效度，且样本数量符合要求的基础之上，本部分采用 AMOS 21.0 软件对随机分得的 292 组样本进行模型开发（见图 5 - 1），并对模型的拟合情况进行验证。而后用另外 292 组样本对已开发模型进行重复验证。

在利用结构方程模型开展研究前，首先需要对模型拟合度进行检验，拟合度越好说明模拟模型与样本实际情况越接近。Jackson 等在 2009 年发表的一篇综述性文章称，各项研究普遍报告的拟合度指标按报告频次依次为 chi-square、degrees of freedom（df）、chi-square/

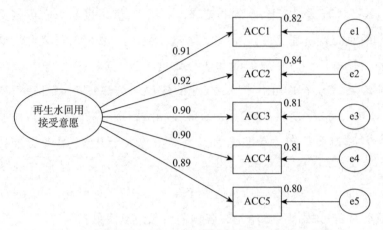

图 5-1 居民再生水回用接受意愿结构模型标准化估计

df、root-mean-square error of approximation（RMSEA）、standardized RMR（SRMR）、goodness of fit index（GFI）、adjusted GFI（AGFI）、normed fit index（NFI）、Tucker-Lewis index（TLI）、comparative fit index（CFI）共计 10 类指标[122]，参考这一结论，本研究在对模型拟合度进行报告时亦采用以上 10 类指标，具体拟合度指标如表 5-5。

表 5-5 接受意愿结构模型拟合度检验

拟合度指标	拟合度测量值	拟合度理想值
chi-square	11.994	
df	5	
chi-square/df	2.399	≤3
RMSEA	0.069	<0.08
SRMR	0.010	<0.08
GFI	0.984	>0.8
AGFI	0.952	>0.8
NFI	0.992	>0.9
TLI	0.991	>0.95
CFI	0.995	>0.95

根据表 5 - 5 可见，结构方程模型拟合度指标良好，说明模型与数据间拟合良好。

3. 交叉效度检验

为验证结构方程模型是否具有良好的交叉效度，本部分采用群组比较的方式[123]，将此前随机分出的另一群（292 组样本）代入模型并与当前模型进行比较，以确定结构方程模型是否具有跨群组的一致性。在检验模型跨群组一致性时，采用温和策略（Moderate Replication Strategy）对群组一致性进行验证，检验其中的因素负荷量、路径系数以及因素协方差是否全等。

在假设模型正确的基础上，首先，将两群组模型的因素负荷量设为一致，检验结果 P = 0.221，远高于 0.05，故可证明结构模型的因素负荷量具有跨群组的一致性；而后，在维持因素负荷量一致设定外，将路径系数设为一致，检验结果 P = 0.368，亦远高于 0.05，故可证明结构模型的路径系数具有跨群组的一致性；在以上设定的基础上，增设因素协方差全等，得 P = 0.231，高于 0.05，可证明结构模型的因素协方差具有跨群组的一致性（表 5 - 6）。

表 5 - 6　接受意愿结构模型交叉效度检验

模型	△df	△CMIN	P	△NFI	△IFI	△RFI	△TLI	△CFI
因素负荷量	11.000	15.322	0.221	0.001	0.003	0.000	0.001	0.001
路径系数	5.000	4.621	0.368	0.002	0.001	0.001	0.000	0.001
因素协方差	1.000	0.932	0.231	0.001	0.000	0.000	0.000	0.001

根据表 5 - 6 可知，模型在群组一致性检验中，各类指标均全等，故可证明结构方程模型在两群组样本间具有跨群组一致性，即表明结构方程模型通过交叉效度检验，模型设定正确。

4. 方差分析

在验证了结构模型有良好解释能力的基础上，利用 AMOS 21.0 软件进行方差分析。

表 5－7　关于再生水回用接受意愿不同对照组的方差分析

控制变量	Estimate	S. E.	t 值	P
水资源极度缺乏的经历	0.498	0.161	3.086	0.002
区域再生水回用推广程度	0.492	0.136	0.619	***
再生水使用经历	0.352	0.143	2.467	0.014

　　注：由于利用结构方程软件进行方差分析的过程中，不对构面中的观察变量取平均值，而是直接对潜变量进行方差分析，故而在结果中无法给出类似于传统统计方法进行方差分析时产生的描述性统计值（如均值等）。

　　根据表 5－7 可知，通过对 3 组对照组间的调研参与人关于再生水回用接受意愿进行方差分析，可发现 3 组对照组间调研参与人对再生水回用接受意愿均存在显著差异（差异在 0.05 置信水平下显著）。其中，水资源极度缺乏的经历会明显提升调研参与人员对再生水回用接受意愿；调研参与人员所在区域的再生水回用推广程度，亦会对其再生水回用接受意愿产生显著正向影响；使用过再生水的调研参与人，相对于没有使用过再生水的调研参与人，对再生水回用表现出了更高的接受意愿。

　　5. 假设检验

　　综上所述，关于不同控制变量对调研参与人再生水回用接受意愿的假设检验结果如表 5－8。

表 5－8　假设检验

研究假设	假设检验
假设 1：经历过水资源极度缺乏的居民对再生水回用的接受意愿更高	支持
假设 2：再生水回用推广程度高的地区的居民对再生水回用的接受意愿更高	支持
假设 3：有过使用再生水经历的居民对再生水回用的接受意愿更高	支持

五　结果分析

　　本章在自然环境下验证了环保动机激发政策能有效引导居民的再生水回用行为。根据实验结果可知，经历过水资源极度缺乏的调研参与人员会更愿意接受再生水回用。经历过水资源极度缺乏的调研参与人员，相对于没有该经历的人员而言，会有更强的水资源危机意识，因此会有更强烈的保护水资源、水环境的动机。而环保动机激发政策的作用原理正是通过增强居民的环保动机，进而引导其参与再生水回用。因此，假设 1 的验证能为环保动机激发政策在自然环境下会产生良好的引导效果提供有力佐证。

本章在自然环境下验证了示范引导政策能有效引导居民的再生水回用行为。根据实验结果可知，生活在再生水回用推广程度较高地区的调研参与人员，表现出了对再生水回用更高的接受意愿。笔者认为，这一现象的发生与再生水回用推广程度较高地区具有更好的再生水回用氛围关系密切，而示范引导政策的作用原理正是通过在全社会营造再生水回用的氛围，促进居民使用再生水。因此假设 2 的证明，能为示范引导政策的现实作用效果提供有力佐证。

本章在自然环境下验证了知识普及政策能有效引导居民的再生水回用行为。根据研究结论可知，有过再生水使用经历的调研参与人员会更愿意接受再生水回用。从对再生水回用的了解程度方面进行考虑，使用过再生水的调研参与人员无疑会获取更多关于再生水回用的相关知识，对再生水回用具有更高的了解程度。因此，这一结论的证明为以提高居民对再生水的了解程度为手段引导居民参与再生水回用提供了理论支撑。

第三节　本章小结

本章通过抽象不同政策的作用原理，在自然环境下分别选取水资源极度缺乏的经历、再生水回用推广程度及再生水使用经历，作为代表环保动机激发政策、示范引导政策及知识普及政策作用原理的控制变量。通过结构方程模型，在最大限度减少数据损失的情况下，对不同对照组间调研参与人员对再生水回用的接受意愿进行方差分析。最终得出结论，水资源极度缺乏的经历、区域再生水回用推广程度高及再生水使用经历，均能显著正向影响调研参与人的再生水回用接受意愿，从而佐证了 3 种类型政策在自然状态下均能对居民再生水回用接受意愿产生良好的引导作用。

同时，通过田野实验的研究方法对政策的作用效果进行研究，在自然环境下验证了内隐联想测试获得的关于政策作用效果的研究结论，克服了实验室实验难以有效模拟真实决策环境的弊端，使研究结论更具可靠性。

第六章

环保动机激发政策作用机理

考虑到规范激活模型适用于解释亲社会行为中利他动机作用机理的特点，本章引入改进规范激活模型，并结合再生水回用行为的特点，在调研数据的基础上，建立结构方程模型。首先，对改进规范激活模型在再生水回用行为研究领域的适用性进行了验证。在此基础上，通过对结构方程模型中的路径系数进行检验，以验证变量间的直接作用关系。此外，通过 Bootstrap 法对模型中的中介效应进行检验，以验证变量之间的间接作用效果，从而通过发现变量与变量之间的直接和间接影响关系，深入探索环保动机激发政策的作用机理。

第一节　研究模型及研究假设

一　构建改进的再生水回用规范激活模型

结合再生水回用行为的特点，在本章中将后果意识定义为居民对人类活动造成水环境污染的后果的认识；将责任归因定义为居民对水环境污染责任的归因；同时，根据个人规范的定义，将个人规范变量定义为居民的水环境保护动机。在此基础之上，建立适用于再生水回用行为的规范激活模型（见图 6-1）。

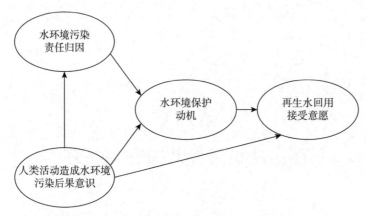

图 6 - 1　改进的再生水回用规范激活模型

二　研究假设

由于规范激活模型至今仍未在再生水回用行为研究领域被验证适用，故而首先应当确定模型对再生水回用行为相关数据具有良好的拟合度。

提出相应研究假设 1：改进的规范激活模型能适用于研究再生水回用行为。

在模型框架内围绕水环境保护动机设置研究假设，对再生水回用接受意愿的不同影响路径进行探索，以作为确定环保动机激发政策作用机理的理论支撑。

假设 2：居民对水环境污染的责任归因会正向影响其水环境保护动机。

假设 3：居民对人类活动造成水环境污染的后果意识会正向影响其水环境保护动机。

假设 4：居民对人类活动造成水环境污染的后果意识会正向影响其再生水回用接受意愿。

假设 5：居民对水环境污染的责任归因会通过正向影响其水环境保护动机而间接正向影响其对再生水回用的接受意愿。

假设 6：居民对人类活动造成水环境污染的后果意识会通过正向影响其对水环境污染的责任归因间接正向影响其水环境保护动机。

假设 7：居民对人类活动造成水环境污染的后果意识会通过正向影响其水环境保护动机而间接正向影响其对再生水回用的接受意愿。

假设 8：居民对人类活动造成水环境污染的后果意识会通过先后正向影响其对水环境污染的责任归因和水环境保护动机，而对其再生水回用接受意愿产生正向远程中介影响。

第二节　改进的再生水回用规范激活模型变量定义及问题来源

在问卷设计过程中，为了尽可能地提高问卷的效度和信度，尽量寻找相关领域的经典问卷，或在相关研究中成功应用的问卷，结合本研究领域的特点进行修改，并采用李克特 7 级量表用于变量的测量。

1. 对人类活动造成水环境污染的后果意识（Awareness of Consequences，AOC）

根据 Schwartz 的观点，可将 AOC 定义为对自身妨害社会的行为可能对他人造成影响的意识[89]。考虑到再生水回用对水环境的改善作用，本研究有针对性地选取人类活动造成水环境污染的后果意识进行衡量（见表 6 - 1）。

表 6 - 1　后果意识测量

构面名称	概念解释	题号	题项
对人类活动造成水环境污染的后果意识	对人类行为造成水环境污染负面后果的意识程度	AOC1	人类活动产生的污染物会破坏水生动物的栖息环境
		AOC2	人类无节制的污水排放是水环境污染的重要原因
		AOC3	我们日常生活中使用的诸如洗衣粉、洗涤剂等化学制品会对水环境产生严重污染

注：本部分问卷设计借鉴 Han（2015）和 Van Riper 等（2014）的研究[124, 125]。

2. 水环境污染结果的责任归因（Ascription of Responsibility，AOR）

同样参考 Schwartz 的经典定义[89]，并结合再生水回用行业自身的特点，将对责任的定义具体到对城市水环境破坏的责任以及保护城市水环境的责任（见表6-2）。

表6-2　责任归因测量

构面名称	概念解释	题号	题项
水环境污染结果的责任归因	关于个人对水环境污染负有多大责任的认知和评价	AOR1	我们每个人都应当对所居住城市的水环境破坏负责
		AOR2	所有城市居民都应当承担起保护自身所在城市水环境的责任
		AOR3	对于所在城市的水环境破坏问题，我们每一个人都有一定责任

注：本部分问卷设计借鉴 Han（2015）和 Qnwezen（2013）的研究[124, 126]。

3. 水环境保护动机（Environmental Motivation，EM）

在本研究中将水环境保护动机定义为减少污染排放、保护区域水环境的道德义务感（见表6-3）。

表6-3　水环境保护动机测量

构面名称	概念解释	题号	题项
水环境保护动机	个人开展水环境保护行动的动机	EM1	我觉得我有义务保护这里的水环境
		EM2	我觉得我应该保护好这里的水环境
		EM3	我觉得大家都有义务在日常生活中减少对水环境的污染
		EM4	根据我的价值观，我有责任和义务保护水环境

注：该部分问卷设计借鉴 Tonglet（2004）的研究[127]。

在进行本部分研究时，将样本分为两份，将292组样本用于发展模型，另外292组样本用于模型重复检验。同时由于研究中共计有4个构面15道题目，符合 Hair 等的建议[121]，故样本量符合规定。

第三节　改进的再生水回用规范激活模型
各组分信度与效度分析

为确定问卷信度是否达标，本部分研究首先对代表信度水平的克朗巴哈系数进行测量，检验结果见表 6-4。由表 6-4 可知，各部分 α 值均超过 0.7 的可接受标准，说明问卷信度良好。在效度检验方面，采用在该领域运用最为广泛的检验项目，即收敛效度和区别效度，进行检验。

根据表 6-4 检测值可知，标准化因素负荷量均大于 0.6，且非标准化检验均显著。CR 值均大于 0.7，符合 Fornell 和 Larcker，以及 Hair 等的建议标准[120, 121]。同时 AVE 值均大于或接近 0.5，亦符合 Fornell 和 Larcker 所建议的标准[120]。故可得出结论，各构面收敛效度良好。

表 6-4　改进的再生水回用规范激活模型的信度和收敛效度

构面	题目	参数显著性估计				标准化因素负荷量 (Std.)	题目信度 (SMC)	组成信度 (CR)	收敛效度 (AVE)	克朗巴哈系数 (α)
		Unstd	S. E.	t 值	P					
再生水回用接受意愿	ACC1	1.000				0.907	0.823	0.957	0.816	0.956
	ACC2	1.085	0.042	25.745	***	0.917	0.841			
	ACC3	1.012	0.041	24.407	***	0.899	0.808			
	ACC4	1.010	0.041	24.526	***	0.900	0.810			
	ACC5	0.989	0.041	23.992	***	0.893	0.797			
水环境保护动机	EM1	1.000				0.868	0.753	0.907	0.710	0.897
	EM2	0.912	0.046	19.829	***	0.891	0.794			
	EM3	0.832	0.052	15.853	***	0.773	0.598			
	EM4	0.928	0.052	17.888	***	0.833	0.694			

续表

构面	题目	参数显著性估计				标准化因素负荷量（Std.）	题目信度（SMC）	组成信度（CR）	收敛效度（AVE）	克朗巴哈系数（α）
		Unstd	S. E.	t 值	P					
水环境污染结果的责任归因	AOR1	1.000				0.825	0.681	0.859	0.671	0.832
	AOR2	0.936	0.064	14.621	***	0.877	0.769			
	AOR3	0.857	0.064	13.435	***	0.751	0.564			
对人类活动造成水环境污染的后果意识	AOC1	1.000				0.674	0.454	0.785	0.554	0.760
	AOC2	1.319	0.144	9.175	***	0.879	0.773			
	AOC3	1.021	0.108	9.462	***	0.659	0.434			

在区别效度检验方面，根据 Fornell 和 Larcker 的建议[120]，只需确定潜变量所对应 AVE 值的平方根是否大于其与所有其他潜变量的 Pearson 相关系数即可，根据表 6-5 可看出，该问卷各构面间具有良好的区别效度。

表 6-5 改进的再生水回用规范激活模型区别效度

	AVE	水环境污染结果的责任归因	对人类活动造成水环境污染的后果意识	水环境保护动机	再生水回用接受意愿
水环境污染结果的责任归因	0.671	**0.819**			
对人类活动造成水环境污染的后果意识	0.554	0.578	**0.744**		
水环境保护动机	0.710	0.639	0.419	**0.843**	
再生水回用接受意愿	0.816	0.351	0.400	0.478	**0.903**

注：加粗数字为相应构面间 AVE 的平方根，其余值为构面间的 Pearson 相关系数。

第四节　改进的再生水回用规范激活
模型拟合度检验

在前文已验证数据信度、效度且样本数量符合要求的基础上，本研究采用 AMOS 21.0 软件对随机分得的 292 组样本进行模型开发（见图 6-2），并对整体模型的拟合情况进行验证。而后用另外 292 组样本对已开发模型进行重复验证，并在此基础上对前文所提出的假设 1~7 进行论证。此外，还对整体模型中存在的中介效应进行了分析。

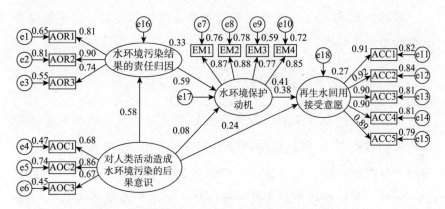

图 6-2　改进的再生水回用规范激活模型标准化估计

一　模型拟合度分析

本章在对模型拟合度进行报告时采用如下 10 项指标[127]（见表 6-6）。

表 6-6　改进的再生水回用规范激活模型拟合度检验

拟合度指标	拟合度测量值	拟合度理想值
chi-square	96.602	

续表

拟合度指标	拟合度测量值	拟合度理想值
df	85	
chi-square/df	1.136	≤3
RMSEA	0.022	<0.08
SRMR	0.031	<0.08
GFI	0.996	>0.8
AGFI	0.940	>0.8
NFI	0.971	>0.9
TLI	0.996	>0.95
CFI	0.996	>0.95

　　根据表6-6可见，结构方程模型拟合度指标良好，说明模型与数据间拟合良好。

二　模型交叉效度分析

　　为验证结构方程模型是否具有良好的交叉效度，该部分采用群组比较的方式[123]，将此前随机分出的另一群组（292组样本）代入模型并与当前模型进行比较，以确定结构方程模型是否具有跨群组的一致性。在检验模型跨群组一致性时，采用严谨策略（Tight Replication Strategy），具体检验指标包含因素负荷量、路径系数、因素协方差、结构残差与测量残差是否全等。

　　在假设模型正确的基础上，首先，将两群组模型的因素负荷量设为一致，检验结果 P = 0.168，远高于0.05，可证明结构模型的因素负荷量具有跨群组的一致性；而后，在维持因素负荷量一致设定外，将路径系数设为一致，检验结果 P = 0.464，亦远高于0.05，故可证明结构模型的路径系数具有跨群组的一致性；在以上设定的基础上，增设因素协方差全等，得 P = 0.334，高于0.05，可证明结构模型的因素协方差具有跨群组的一致性；然后，再增设模型的结构残差全等，得 P = 0.476，高于 0.05，可证明结构模型的结构残差具有跨群组的一致性；最后，设定测量残差全等，尽管得到 P = 0.000，小于 0.05，然而根据 Cheung 等[123] 及 Little[103] 的研究结论，△CFI 及 △TLI 的绝对值分别低于 0.01 和 0.05 时，即便 P 值显著仍可认为模型在大体上全等，故可认为测量残差具有实务上的一致性（见表 6 - 7）。

表 6 - 7 改进的再生水回用规范激活模型交叉效度检验

模型	△df	△CMIN	P	△NFI	△IFI	△RFI	△TLI	△CFI
因素负荷量	11.000	15.322	0.168	0.002	0.002	0.000	0.000	-0.001
路径系数	5.000	4.621	0.464	0.001	0.001	0.000	0.000	0.000
因素协方差	1.000	0.932	0.334	0.000	0.000	0.000	0.000	0.000
结构残差	3.000	2.498	0.476	0.000	0.000	0.000	0.000	0.001
测量残差	15.000	54.753	0.000	0.008	0.009	0.006	0.006	-0.007

通过表 6 - 7 可知，模型在严格策略下的群组一致性检验中，各类指标均全等，故可证明结构方程模型在两群组样本间具有跨群组的一致性，即表明结构方程模型通过交叉效度检验，模型设定正确。

三 假设检验

通过模型拟合度检验，可发现结构方程模型具有良好的适配度，对原始数据具有良好的还原效果。同时，通过交叉效度分析，可发现在随机分成的不同样本组间，模型能保持很好的一致性。故而，可得出代表模型拟合程度的假设 1 成立，即改进的规范激活模型适用于再生水回用行为研究。

四 结论分析

验证了假设 1，表明改进的再生水回用规范激活模型在再生水回用行为研究领域具有适用性，为后文利用该模型解释环保动机激发政策的作用机理奠定了基础。

第五节 改进的再生水回用规范激活模型 路径系数检验

一 模型路径系数检验

在对结构方程模型拟合度及交叉效度进行验证的基础上,报告模型的路径系数,并对相应研究假设进行检验。

表6-8 改进的再生水回用规范激活模型标准化路径系数

路径名称	标准化估计值	非标准化估计值	标准差	t值	P	显著性
AOC→AOR	0.576	0.583	0.080	7.316	***	显著
AOC→EM	0.077	0.075	0.071	1.057	0.291	不显著
AOR→EM	0.593	0.569	0.076	7.509	***	显著
EM→ACC	0.376	0.867	0.148	5.875	***	显著
AOC→ACC	0.239	0.535	0.151	3.541	***	显著

根据表6-8可知,结构方程模型中各个构面间的路径系数,除对人类活动造成水环境污染的后果意识与水环境保护动机间的影响关系不显著外,其余路径均显著,即代表相应构面间存在显著影响。

二 假设检验

根据路径系数显著性检验的结果,可以对假设2、3、4进行检验。

表6-9 改进的再生水回用规范激活模型假设检验

研究假设	假设检验
假设2:居民对水环境污染的责任归因会正向影响其水环境保护动机	支持
假设3:居民对人类活动造成水环境污染的后果意识会正向影响其水环境保护动机	不支持

续表

研究假设	假设检验
假设4：居民对人类活动造成水环境污染的后果意识会正向影响其再生水回用接受意愿	支持

根据表6-9可知，文中提出的假设2和4得到验证，而假设3未得到支持。

三　结果分析

代表直接影响效果的假设2得到证实，而假设3被证实不显著，说明居民的水环境保护动机会受到居民对水环境污染的责任归因的直接影响，而居民对水环境污染的后果意识对其水环境保护动机的影响并未得到证实。此外，假设4的验证说明，基于自我完成理论对 NAM 模型的改进起到了良好的效果，对水环境污染的后果意识，确实能直接提高居民对再生水回用的接受意愿。

第六节　改进的再生水回用规范激活模型中介效应检验

中介效应（Meditation Effect）作为一个重要的统计概念，在社会科学领域有众多应用[128, 129]。通过对中介效应的考察，能让研究者更深刻地理解自变量对因变量的影响途径和机制。在进行中介效应检验时，采用最广泛的即 Baron 和 Kenny 开发的逐步检验法（Casual Steps Approach）[130]。该方法操作简便，但近年来受到众多学者的质疑和批评[131, 132]。Sobel 在逐步检验的基础上进行了改进，并提出了 Sobel Test[133]。然而由于 Sobel Test 的基本假设是数据遵守正态分布，而这种假设在实际操作中是很难实现的，所以 Sobel Test 产生的结果往往是有偏的[134]。Boostrap 法由于不要求数据符合正态分布，故相较于其余中介效应检验方法具有较好的统计效果[135]。因此，Hayes 将 Bootstrap 法定义为"新世纪的统计方法"，并建议大家采用该方法替代传统中介检验方法进行研究[136]。本部分研究遵循 Hayes 的建议，采用 Bootstrap 法进行中介效应检验。

一 责任归因对再生水回用接受意愿的中介效应检验

1. 责任归因对再生水回用接受意愿的中介效应检验

根据图 6-1 可知，对水环境污染的责任归因仅存在单一路径 AOR→EM→ACC，以下将采用 Bootstrap 法判别该中介效应是部分中介还是完全中介。

表 6-10　对水环境污染的责任归因至再生水回用接受意愿间的中介效应检验

点估计	系数乘积		Bootstrap 法			
			BC 法（95% 置信区间）		Percentile 法（95% 置信区间）	
	标准误	Z 值	极小值	极大值	极小值	极大值
中介效应						
0.305	0.104	2.933	0.171	0.618	0.153	0.554
直接效应						
0.066	0.086	0.767	-0.105	0.235	-0.103	0.242
总效应						
0.371	0.089	4.169	0.237	0.599	0.230	0.573

注：BC 即 Bias-corrected；中介效应表示 AOR→EM→ACC；直接效应表示虚拟路径 AOR→ACC。样本通过 5000 次 Bootstrap 取得。

根据表 6-10 可知，虚拟路径 AOR→ACC 的 Z 值小于 1.96，说明通过系数乘积法对该路径的中介效应检验不显著。同时，在 Bootstrap 法中 BC 法与 Percentile 法的极小值与极大值区间包含 0。可知，虚拟路径 AOR→ACC 不显著。与此同时，路径 AOR→EM→ACC 及总效果显著（Z 值大于 1.96，且 BC 法和 Percentile 法的极小值与极大值区间中不包含 0），说明 AOR→EM→ACC 是完全中介。

2. 假设检验

通过中介效应检验可知，居民对水环境污染的责任归因会通过正向影响其水环境保护动机而间接正向影响其对再生水回用的接受意愿，路径的中介效应显著，故假设 5 成立。

二　水环境污染后果意识对水环境保护动机的中介效应检验

1. 水环境污染后果意识对水环境保护动机的中介效应检验

根据图 6 - 1 可知，对水环境污染的后果意识可能通过两条路径影响水环境保护动机，即：AOC→AOR→EM 以及 AOC→EM，以下将采用 Bootstrap 法对该两条路径的中介效应是否存在进行检验。

表 6 - 11　对水环境污染的后果意识至水环境保护动机间的中介效应检验

点估计	系数乘积		Bootstrap 法			
			BC 法（95% 置信区间）		Percentile 法（95% 置信区间）	
	标准误	Z 值	极小值	极大值	极小值	极大值
中介效应						
0.534	0.159	3.358	0.289	0.943	0.256	0.883
直接效应						
-0.135	0.207	-0.652	-0.547	0.264	-0.556	0.259
总效应						
0.399	0.203	1.966	0.033	0.834	-0.002	0.796

注：中介效应指代路径 AOC→AOR→EM；直接效应指代路径 AOC→EM。样本通过 5000 次 Bootstrap 取得。

根据表 6 - 11 可知，路径 AOC→EM 的 Z 值小于 1.96，说明通过系数乘积法对该路径的中介效应检验不显著。同时，在 Bootstrap 法中 BC 法与 Percentile 法的极小值与极大值区间包含 0。故可得出结论，路径 AOC 对 EM 的直接影响效应不显著（与前文研究结论相一致）。与此同时，路径 AOC→AOR→EM 及总效应显著（Z 值大于

1.96，且 BC 法和 Percentile 法的极小值与极大值区间中不包含 0），说明尽管 AOC 对 EM 不存在显著的直接影响效应，却仍然能够通过 AOR 间接影响 EM，AOC→AOR→EM 是完全中介。

2. 假设检验

通过中介效应检验可知，居民对人类活动造成水环境污染的后果意识会通过正向影响其对水环境污染的责任归因间接正向影响其水环境保护动机，路径的中介效应显著，故假设 6 成立。

三 水环境污染后果意识对再生水回用接受意愿的中介效应检验

1. 水环境污染后果意识对再生水回用接受意愿的中介效应检验

根据图 6-1 可知，对水环境污染的后果意识可能通过 3 条路径影响再生水回用接受意愿，即：AOC→ACC、AOC→EM→ACC 以及 AOC→AOR→EM→ACC。以下将采用 Bootstrap 法对 3 条路径的中介效应是否存在进行检验，并对其中介效应进行相互比较。

表 6-12　对水环境污染的后果意识至再生水回用接受意愿间的中介效应检验

路径	点估计	系数乘积		Bootstrap 法			
				BC 法（95% 置信区间）		Percentile 法（95% 置信区间）	
		标准误	Z 值	极小值	极大值	极小值	极大值
直接效应							
AOC→ACC	0.595	0.205	2.902	0.238	1.048	0.223	1.038
中介效应							
EM	0.068	0.092	0.739	-0.105	0.261	-0.103	0.267
AOR & EM	0.313	0.112	2.795	0.161	0.649	0.139	0.584
总效应							
TOTAL	0.975	0.241	4.046	0.572	1.528	0.563	1.513

注：EM 指代路径 AOC→EM→ACC；AOR & EM 指代路径 AOC→AOR→EM→ACC。样本通过 5000 次 Bootstrap 取得。

根据表 6-12 可知，路径 AOC→ACC 及 AOC→AOR→EM→ACC 的 Z 值均大于 1.96，说明通过系数乘积法对两条路径的中介效应检验均显著。同时，在 Bootstrap 法中 BC 法与 Percentile 法的极小值与极大值区间中不含 0。故可得出结论，再生水回用感知易用性至再生水回用接受意愿间的三条影响路径中介效应均显著。与此同时，路径 AOC→EM→ACC 却并未通过系数乘积法（Z 值小于 1.96）、BC 法与 Percentile 法（极小值与极大值区间中包含 0）的检验，说明该路径中介效应不显著，与前文 AOC→EM 路径不显著结论相一致。

2. 假设检验

通过中介效应检验可知，居民对人类活动造成水环境污染的后果意识会通过正向影响其水环境保护动机间接正向影响其对再生水回用的接受意愿这条路径的中介效应不显著，假设 7 不成立。居民对人类活动造成水环境污染的后果意识会通过先后正向影响其对水环境污染的责任归因和水环境保护动机，而对其再生水回用接受意愿产生正向远程中介影响的路径显著，假设 8 成立。

四　结论分析

假设 7 和假设 8 的研究均将居民对人类活动造成水环境污染的后果意识通过激发其水环境保护动机，进而提高其再生水回用接受意愿的过程作为主要研究关注点。而假设 7 不成立，说明居民对人类活动造成水环境污染的后果意识不能通过直接影响其环境保护动机而提高再生水回用接受意愿。与此同时，假设 8 的验证进一步说明，尽管后果意识不会直接正向影响环保动机，却能通过提高水环境污染的责任意识而间接影响其对再生水回用的接受意愿。

第七节　本章小结

本章引入 NAM 理论模型，结合调研数据建立结构方程模型，对不同变量间直接和间接的影响关系进行了量化，并形成以下几方面核心结论。

改进的 NAM 理论模型适用于再生水回用行为研究领域。本章通过对前人研究观点的汇总，借鉴自我完成理论，对模型进行了重构。结合模型适配度检验和路径系数检验，可得出适用于再生水回用行为研究的改进的再生水回用规范激活理论模型（见图 6 – 1）。

在改进理论模型的基础上，确定了水环境保护动机对再生水回用行为引导作用的机理，为政策制定提供了科学指导。通过验证得出，强化居民对环境保护的危机意识和对水环境保护的责任意识是影响其水环境保护动机，进而提高其再生水回用接受意愿的有效办法，明确描绘出增强居民水环境保护动机的路径，将抽象的水环境保护动机增强具体为强化居民对水环境污染的后果意识和对水环境污染的责任意识，从而为水环境保护动机激发政策的制定提供科学支撑。

第七章

示范引导政策作用机理

本章引入拓展的技术接受模型，研究示范引导政策的作用机理。首先，结合再生水回用行为的特点，在调研数据的基础上建立结构方程模型，对拓展的再生水回用技术接受模型在再生水回用行为研究领域的适用性进行检验。在此基础上，通过路径系数检验和中介效应检验，对示范引导政策的作用路径和影响机理进行深入挖掘。

第一节　研究模型及研究假设

一　构建拓展的再生水回用技术接受模型

结合再生水回用行为的特点，将感知有用性定义为居民对再生水回用的有用性感知；将感知易用性定义为居民对再生水回用的易用性感知；同时，根据行为态度的定义，将行为态度变量定义为居民对再生水回用行为的态度。在此基础上，建立适用于再生水回用行为的技术接受模型（见图 7 – 1）。

二　研究假设

由于至今仍未有相关研究证明，技术接受模型适用于模拟再生水回用技术接受过程，故而本章首先应当确定模型对再生水回用行

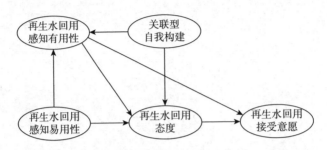

图 7 - 1　拓展的再生水回用行为 TAM 理论模型

为相关数据具有良好的拟合度，并在此基础上进行后续研究。

故而提出相应研究假设 1：拓展的技术接受模型能适用于模拟再生水回用技术接受过程。

继而在模型框架内，对关联型自我构建对再生水回用技术接受过程的可能影响路径进行探索，并分别提出以下研究假设。

假设 2：关联型自我构建会正向影响居民对再生水回用行为的态度。

假设 3：关联型自我构建会正向影响居民对再生水回用的感知有用性。

假设 4：关联型自我构建会通过正向影响居民对再生水回用行为的态度，而间接正向影响其再生水回用接受意愿。

假设 5：关联型自我构建会通过正向影响居民对再生水回用的感知有用性，而间接正向影响其再生水回用接受意愿。

假设 6：关联型自我构建通过先后正向影响其对再生水回用的感知有用性和对再生水回用行为的态度，对其再生水回用接受意愿产生正向远程中介影响。

第二节　拓展的再生水回用技术接受模型
变量定义及问题来源

在问卷设计过程中，为了尽可能提高问卷的效度和信度，尽量寻找相关领域的经典问卷，或在相关研究中成功应用的问卷，结合本研究领域的特点进行修改，并采用李克特 7 级量表对变量进行测量。

一 关联型自我构建（Interdependent Self-constructural，ISC）

前文已叙述自我构建分为独立型和关联型两类，本部分主要研究关联型自我构建的强度对再生水回用行为的影响，故本部分问卷借鉴了部分劳可夫关于关联型自我构建的测量问卷[106]。同时，由于具有关联型自我构建的个体在进行行为选择时会更多地考虑周遭的环境以及周围人的看法，故具有更强关联型自我构建的人会更少地以自我为中心，而更愿意与社会主流价值观及他人的行为保持一致。在问卷题项设置上，参照了朱丽叶等[137]开发的适用于中国情景的自我构建测量表（见表 7-1）。

表 7-1　自我构建测量

构面名称	概念解释	题号	题项
关联型 自我构建	与他人的 依存程度	ISC1	我尊重集体的决定
		ISC2	为了集体利益我愿意牺牲个人利益
		ISC3	良好的人际关系至关重要

二 再生水回用态度（Attitudes to Recycled Water，ATT）

该部分问卷采用语义差异法[138]进行测度，即用若干组分别代表态度积极和态度消极的词来让实验参与人进行选择，其中左侧放置消极词，右侧放置积极词，实验参与人员选择选项"1"代表其对再生水回用态度非常消极，反之，选择指标"7"则代表态度非常积极（见表 7-2）。

表7-2 再生水回用态度测量

构面名称	概念解释	答题规则	题号	题项
对再生水回用的态度	您觉得再生水回用怎么样	选项越接近左边则代表您的态度越接近左边描述词，同样，选项越接近右边则代表您的态度越接近右边描述词	ATT1	不可取—可取
			ATT2	不愉快—愉快
			ATT3	不利的—有利的

注：本部分问卷设计借鉴 Han 等（2010）的研究[139]。

三 再生水回用感知有用性（Perceived Usefulness，PU）

使用再生水能保护环境，提高公共福利，而再生水回用要真正起到实质性效果往往需要集体共同行动。因此，在居民选择采取这一利他行动前，往往会心存疑问："其他人会不会也使用再生水？""我使用再生水究竟会不会对环境产生作用？"[140] 而这一对自身行为能改善环境、造福社会的期待，往往能提供给居民一部分使用再生水的原动力[141]。因此，该部分问卷将居民对使用再生水能给水环境带来改善作用的评估作为感知有用性的测度标准（见表7-3）。

表7-3 再生水回用感知有用性测量

构面名称	概念解释	题号	题项
再生水回用感知有用性	使用再生水的作用	PU1	使用再生水能减少对水资源的消耗
		PU2	再生水回用保护了我们的环境
		PU3	使用再生水为我们的后代创造了更好的环境

注：本部分问卷设计借鉴周玲强等（2014）的研究[141]。

四 再生水回用感知易用性（Perceived Ease of Use，PEOU）

感知易用性体现个体感到使用再生水的难易程度，在定义上与感知行为控制类似[142]。由于个体知识、技能等自身因素，以及时间、资源等外部因素的影响，对于使用再生水这一行为不同的人会产生不同的难易程度感知（见表7-4）。

表 7-4　再生水回用感知易用性测量

构面名称	概念解释	题号	题项
再生水回用感知易用性	使用再生水的难易程度	PEOU1	只要我想用再生水就能用到再生水
		PEOU2	我能辨别出使用再生水的设施
		PEOU3	使用再生水对我而言是方便的

注：本部分问卷设计借鉴 Ajzen（1991）和 Lam 等（2006）的研究[143, 144]。

在进行本部分研究时，将样本分为两份，292 个样本用于发展模型，另外 292 个样本用于模型重复检验。

第三节　拓展的再生水回用技术接受模型信度与效度分析

为确定问卷信度是否达标，本部分研究首先对代表信度水平的克朗巴哈系数进行测量，检验结果见表 7-5。根据表 7-5 可知，各部分 α 值均超过 0.7 的可接受标准，说明问卷信度良好。在效度检验方面，采用在该领域运用最为广泛的检验项目，即收敛效度和区别效度，进行检验。

根据表 7-5 检测值可知，标准化因素负荷量均大于 0.6，且非标准化检验均显著。CR 值均大于 0.7，符合 Fornell 和 Larcker，以及 Hair 等[120, 121]的建议标准。同时 AVE 值均大于或接近 0.5，亦符合 Fornell 和 Larcker 所建议的标准[120]。故可得出结论，各构面收敛效度良好。

在区别效度检验方面，根据 Fornell 和 Larcker 的建议[120]，只需确定潜在变量所对应 AVE 值的平方根是否大于其与所有其他潜在变量的 Pearson 相关系数即可，根据表 7-6 可看出，该问卷各构面间具有良好的区别效度。

表7-5　拓展的再生水回用技术接受模型的信度和收敛效度

构面	题目	参数显著性估计				标准化因素负荷量（Std.）	题目信度（α）	组成信度（CR）	收敛效度（AVE）	克朗巴哈系数（α）
		Unstd	S. E.	t 值	P					
再生水回用接受意愿	ACC1	1.000				0.907	0.956	0.957	0.816	0.956
	ACC2	1.085	0.042	25.745	***	0.917				
	ACC3	1.012	0.041	24.407	***	0.899				
	ACC4	1.010	0.041	24.526	***	0.900				
	ACC5	0.989	0.041	23.992	***	0.893				
关联型自我构建	ISC1	1.000				0.745	0.555	0.760	0.516	0.757
	ISC2	0.978	0.111	8.809	***	0.779	0.607			
	ISC3	0.834	0.097	8.601	***	0.622	0.387			
再生水回用感知有用性	PU1	1.000				0.852	0.726	0.903	0.757	0.893
	PU2	1.197	0.064	18.604	***	0.895	0.801			
	PU3	1.145	0.064	17.991	***	0.863	0.745			
再生水回用态度	ATT1	1.000				0.883	0.780	0.916	0.785	0.901
	ATT2	1.000	0.049	20.453	***	0.889	0.790			
	ATT3	0.994	0.049	20.362	***	0.886	0.785			
再生水感知易用性	PEOU1	1.000				0.792	0.627	0.827	0.614	0.831
	PEOU2	0.973	0.082	11.826	***	0.761	0.579			
	PEOU3	0.931	0.078	12.004	***	0.797	0.635			

表7-6　拓展的再生水回用技术接受模型区别效度

	AVE	再生水回用感知易用性	再生水回用态度	再生水回用感知有用性	关联型自我构建	再生水回用接受意愿
再生水回用感知易用性	0.614	**0.784**				
再生水回用态度	0.785	0.499	**0.886**			
再生水回用感知有用性	0.757	0.540	0.541	**0.870**		
关联型自我构建	0.516	0.041	0.269	0.227	**0.718**	
再生水回用接受意愿	0.816	0.465	0.684	0.662	0.254	**0.903**

注：加粗数字为相应构面间 AVE 的平方根，其余值为构面间的 Pearson 相关系数。

第四节 拓展的再生水回用技术接受 模型拟合检验

在前文已验证数据信度、效度且样本数量符合要求的基础上，本研究采用 AMOS 21.0 软件对随机分得的 292 组样本进行模型开发（见图 7-2），并对整体模型的拟合情况进行验证。而后用另外 292 组样本对已发展模型进行重复验证，并在此基础上对前文所提出的假设 1~6 进行论证。此外，还对整体模型中存在的中介效应进行了分析。

一 模型拟合度分析

本章在对模型拟合度进行报告时采用以下 10 项指标（见表 7-7）。根据表 7-7 可见，结构方程模型拟合度指标良好，说明模型与数据间拟合良好。

表 7-7 拓展的再生水回用技术接受模型拟合度检验

拟合度指标	拟合度测量值	拟合度理想值
chi-square	117.843	
df	111	
chi-square/df	1.062	≤3
RMSEA	0.015	<0.08
SRMR	0.029	<0.08
GFI	0.955	>0.8
AGFI	0.938	>0.8
NFI	0.969	>0.9
TLI	0.998	>0.95
CFI	0.998	>0.95

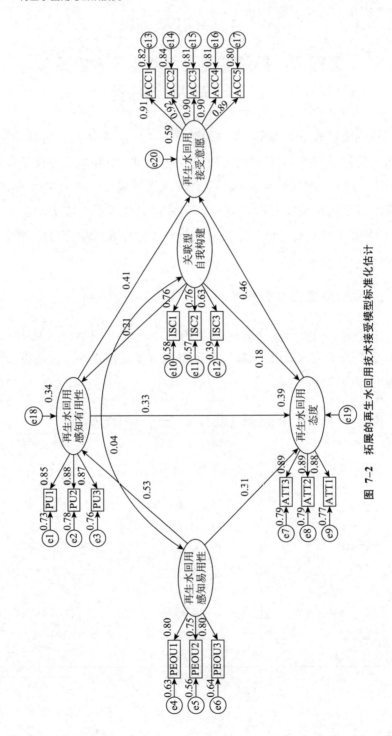

图 7-2 拓展的再生水回用技术接受模型标准化估计

二 模型交叉效度分析

为验证结构方程模型是否具有良好的交叉效度,该部分采用群组比较的方式[123],将此前随机分出的另一群组(292组样本)代入模型并与当前模型进行比较,以确定结构方程模型是否具有跨群组的一致性。在检验模型跨群组一致性时,采用严谨策略,具体检验指标包含因素负荷量、路径系数、因素协方差、结构残差与测量残差是否全等。

在假设模型正确的基础上,首先,将两群组模型的因素负荷量设为一致,检验结果 P = 0.933,远高于 0.05,故可证明结构模型的因素负荷量具有跨群组的一致性;而后,在维持因素负荷量一致设定外,将路径系数设为一致,检验结果 P = 0.552,亦远高于 0.05,故可证明结构模型的路径系数具有跨群组的一致性;在以上设定的基础上,增设因素协方差全等,得 P = 0.431,高于 0.05,可证明结构模型的因素协方差具有跨群组的一致性;最后在以上设定的基础上,依次设定模型的结构残差与测量残差全等,分别得 P = 0.392 与 0.315,均高于 0.05,故可证明结构模型的结构残差与测量残差亦具有跨群组的一致性(见表 7 – 8)。

表 7 – 8 拓展的再生水回用技术接受模型交叉效度检验

模型	△df	△CMIN	P	△NFI	△IFI	△RFI	△TLI	△CFI
因素负荷量	12.000	5.654	0.933	0.001	0.001	− 0.002	− 0.002	0.001
路径系数	7.000	5.896	0.552	0.001	0.001	0.000	0.000	0.000
因素协方差	3.000	2.755	0.431	0.000	0.000	0.000	0.000	0.000
结构残差	3.000	2.995	0.392	0.000	0.000	0.000	0.000	0.000
测量残差	17.000	19.241	0.315	0.003	0.003	0.000	0.000	0.000

通过表 7 – 8 可知,模型在严谨策略下的群组一致性检验中,各类指标均全等,故可证明结构方程模型在两群组样本间具有跨群组

一致性，即表明结构方程模型通过交叉效度检验，模型设定正确。

三　假设检验

通过模型拟合度检验，可发现结构方程模型具有良好的适配度，对原始数据具有良好的还原效果。同时，通过交叉效度分析，可发现在随机分成的不同样本组间，模型能保持很好的一致性。故而，可得出代表模型拟合程度的假设 1 成立，即拓展的技术接受模型能适用于模拟再生水回用技术的接受过程。

四　结论分析

验证了假设 1，表明将拓展的技术接受模型用于模拟再生水回用技术接受过程具有适用性，为后文利用该模型解释示范引导政策的作用机理奠定了基础。

第五节　拓展的再生水回用技术接受
模型路径系数检验

一　模型路径系数检验

在对结构方程模型拟合度及交叉效度通过验证的基础上，报告模型的路径系数，并对相应研究假设进行检验（见表 7 - 9）。

表 7 - 9　拓展的再生水回用技术接受模型标准化路径系数检验

路径名称	标准化估计值	非标准化估计值	标准差	t 值	P	显著性
关联型自我构建→再生水回用感知有用性	0.209	0.200	0.061	3.276	0.001	显著
再生水回用感知易用性→再生水回用感知有用性	0.533	0.501	0.062	8.076	***	显著

续表

路径名称	标准化估计值	非标准化估计值	标准差	t 值	P	显著性
再生水回用感知有用性→再生水回用态度	0.329	0.412	0.089	4.609	***	显著
关联型自我构建→再生水回用态度	0.183	0.220	0.075	2.940	0.003	显著
再生水回用感知易用性→再生水回用态度	0.314	0.369	0.085	4.333	***	显著
再生水回用感知有用性→再生水回用接受意愿	0.413	0.597	0.081	7.391	***	显著
再生水回用态度→再生水回用接受意愿	0.461	0.533	0.065	8.220	***	显著

二　假设检验

在路径系数检验的基础上，对代表直接影响效果的假设 2 和假设 3 进行验证，结果如表 7-10。

表 7-10　假设检验

研究假设	假设检验
假设 2：关联型自我构建会正向影响居民对再生水回用行为的态度	支持
假设 3：关联型自我构建会正向影响居民对再生水回用的感知有用性	支持

三　结果分析

通过对假设 2 和假设 3 的验证，从对技术接受过程影响的角度，探索了示范引导政策模型的作用机理。通过示范和引导，能对感知有用性和行为态度两个影响技术接受过程的重要因素产生显著影响，使其对再生水回用的态度变得更积极。

第六节　拓展的再生水回用技术接受
模型中介效应检验

在检验结构模型中介效应时采用 Bootstrap 法，并分别就不同潜在变量之间的中介效应进行比较。

一　关联型自我构建对再生水回用接受意愿的中介效应检验

根据图 7-1 可知，关联型自我构建可能通过 3 条路径影响再生水回用接受意愿，即：ISC→PU→ACC、ISC→ATT→ACC、ISC→PU→ATT→ACC。以下将采用 Bootstrap 法对 3 条路径的中介效应是否存在进行检验，并对中介效应进行相互比较（见表 7-11）。

表 7-11　关联型自我构建至再生水回用接受意愿间的中介效应检验

路径名称	点估计	系数乘积		Bootstrap 法			
				BC 法（95% 置信区间）		Percentile 法（95% 置信区间）	
		标准误	Z 值	极小值	极大值	极小值	极大值
中介效应							
PU	0.113	0.042	2.690	0.042	0.217	0.037	0.207
ATT	0.111	0.046	2.413	0.034	0.219	0.028	0.209
PU & ATT	0.042	0.021	2.000	0.013	0.098	0.011	0.092
TOTAL	0.265	0.076	3.487	0.132	0.434	0.124	0.427
中介效应比较							
PU vs. ATT	0.002	0.060	0.033	-0.114	0.124	-0.115	0.123
PU vs. PU&ATT	0.071	0.033	2.152	0.021	0.158	0.013	0.141
ATT vs. PU&ATT	0.069	0.051	1.353	-0.026	0.175	-0.031	0.168

注：PU 指代路径 ISC→PU→ACC；ATT 指代路径 ISC→ATT→ACC；PU & ATT 指代路径 ISC→PU→ATT→ACC。样本通过 5000 次 Bootstrap 取得。

　　根据表 7 - 11 可知，3 条路径的 Z 值均大于 1.96，说明通过系数乘积法对 3 条路径的中介效应检验均显著。同时，在 Bootstrap 法中 BC 法与 Percentile 法的极小值与极大值区间中不含 0。故可得出结论，关联型自我构建至再生水回用接受意愿 3 条影响路径的中介效应均显著。

　　此外，根据表 7 - 11 中对各条路径中介效应的比较可发现，路径 ISC→PU→ACC 与路径 ISC→ATT→ACC，以及路径 ISC→ATT→ACC 与路径 ISC→PU→ATT→ACC 的中介效应间不存在显著区别（Z 值小于 1.96，且 BC 法和 Percentile 法的极小值与极大值区间中均包含 0）。而路径 ISC→PU→ACC 的中介效应则明显强于路径 ISC→PU→ATT→ACC（Z 值大于 1.96，且 BC 法和 Percentile 法的极小值与极大值区间中不包含 0）。

二　假设检验

　　根据中介效应检验可发现，关联型自我构建对居民再生水回用接受意愿的 3 条影响路径的中介效应检验均显著，故可得出假设检验结果如表 7 - 12。

表 7 - 12　假设检验

研究假设	假设检验
假设 4：关联型自我构建会通过正向影响居民对再生水回用行为的态度，而间接正向影响其再生水回用接受意愿	支持
假设 5：关联型自我构建会通过正向影响居民对再生水回用的感知有用性，而间接正向影响其再生水回用接受意愿	支持
假设 6：关联型自我构建通过先后正向影响其对再生水回用的感知有用性和对再生水回用行为的态度，对其再生水回用接受意愿产生正向远程中介影响	支持

三　结果分析

　　根据以上研究结论，关联型自我构建能通过 ISC→ATT→ACC、

ISC→PU→ACC、ISC→PU→ATT→ACC 3 条路径对再生水回用接受意愿产生影响，说明示范引导政策可通过提高居民对再生水回用的感知有用性和改善对再生水回用的态度，进而实现对再生水回用行为的引导。

第七节 本章小结

本章在技术接受模型的经典理论框架基础上，引入代表示范引导政策作用原理的关联型自我构建指标对模型进行拓展，并在调研数据的基础上建立结构方程模型。通过模型适配度检验和交叉效度检验，验证了模型对于再生水回用技术接受过程具有适用性。在此基础上，进一步通过路径系数检验和中介效应检验，从对再生水回用技术接受过程的影响角度，深挖示范引导政策的作用机理，得出以下结论。

首先，拓展的技术接受模型对再生水回用技术接受过程有很好的解释效果。根据假设 1 的验证过程，可以发现拓展的技术接受模型对调研数据有很好的拟合度。根据拓展模型标准化估计图，可发现代表模型对再生水回用接受意愿解释程度的 R^2 值高达 0.59，可见模型对再生水回用接受意愿具有良好的解释力。同时，通过路径系数检验发现，模型中各路径系数均显著。故可得出结论：拓展的技术接受模型适用于解释和模拟再生水回用技术接受过程。

其次，示范引导政策能通过影响居民对再生水回用行为的态度及对再生水回用的感知有用性来加速再生水回用技术接受过程。示范引导政策通过营造再生水回用氛围及人与人之间的相互影响而实现其作用效果，因此本章在再生水回用技术接受模型中，引入代表人与人之间依存关系程度的关联型自我构建指标，作为示范引导政策作用效果的代表。通过确定关联型自我构建与技术接受模型中不同变量间的直接、间接影响关系，确定了示范引导政策能通过正向影响居民对再生水回用行为的态度和感知有用性，进而加速再生水回用技术接受过程的作用路径，为示范引导政策的作用机理寻找到了科学的解释。

第八章

知识普及政策作用机理

结合前人对再生水回用接受意愿影响因素的研究，以及行政管理和风险管理领域关于了解程度与政府信任和风险感知程度间的关系，本章建立了再生水回用了解程度对再生水回用接受意愿的中介影响理论模型。在调研数据的基础上，通过 AMOS 21.0 软件，验证了模型具有良好的适配度。在此基础上，通过路径系数显著性检验及中介效应检验，对再生水回用了解程度如何影响再生水回用接受意愿的机理进行了深入探讨。

第一节　知识普及政策作用机理的研究假设

根据综述中前人对不同指标间关系的研究，建立关于再生水回用了解程度对再生水回用接受意愿影响的知识普及政策作用机理模型，并提出相应的路径假设。

假设 1：居民对再生水回用的风险感知程度会反向影响其对再生水回用的接受意愿。

假设 2：居民对水务管理部门的信任程度会反向影响其对再生水回用的风险感知程度。

假设 3：居民对水务管理部门的信任程度会正向影响居民对再生

水回用的接受意愿。

假设 4：居民对再生水回用的了解程度会反向影响其对再生水回用的风险感知程度。

假设 5：居民对再生水回用的了解程度会正向影响其对水务管理部门的信任程度。

假设 6：居民对再生水回用的了解程度会正向影响其对再生水回用的接受意愿。

假设模型如图 8-1 所示。

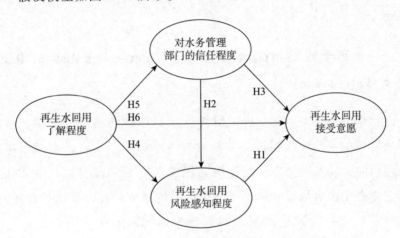

图 8-1　知识普及政策作用机理模型假设

为探索再生水回用了解程度对再生水回用接受意愿的影响路径，在知识普及政策作用机理模型的基础上，进一步提出了可能存在的中介及远程中介效应研究假设。

假设 7：居民对再生水回用的了解程度会通过影响对水务管理部门的信任程度，而间接正向影响其对再生水回用的接受意愿。

假设 8：居民对再生水回用的了解程度会通过影响对再生水回用的风险感知程度，而间接正向影响其对再生水回用的接受意愿。

假设 9：居民对再生水回用的了解程度会通过依次影响对水务管理部门的信任程度及对再生水回用的风险感知程度，而间接正向影响其对再生水回用的接受意愿。

第二节　知识普及政策作用机理模型
变量定义及问题来源

在问卷设计过程中，为了尽可能地提高问卷的效度和信度，尽量寻找相关领域的经典问卷，或在相关研究中成功应用的问卷，结合本研究领域的特点进行修改，并采用李克特 7 级量表用于变量的测量。

一　再生水回用风险感知程度（Perceived Risk of Recycled Water，PR）

根据 Dolnicar 等有关居民对再生水回用忧虑类型的总结，可知居民对再生水回用的担忧主要是对再生水回用会给自己和家人带来健康风险，以及对地方环境影响的担忧[11]，故该部分题项主要从这两方面着手调研居民对再生水回用的风险感知程度。在进行答题时，选择"1"到"7"依次代表对题项描述的态度从"完全反对"到"完全赞同"（见表 8 - 1）。

表 8 - 1　再生水回用风险感知程度测量

构面名称	概念解释	题号	题项
再生水回用风险感知程度	对再生水回用潜在危害的担忧	PR1	您认为使用再生水会给您和您的家人带来风险
		PR2	您认为再生水回用项目会给项目所在地带来风险
		PR3	您认为使用再生水会影响您和您家人的健康

注：本部分问卷设计借鉴 Ross 等（2014）关于再生水回用风险感知的研究[145]。

为使各潜在变量指向性相对一致从而简化计算，在将再生水回用风险感知程度构面数据代入模型前倒置数据方向，即若原数据为 x，则调整之后数据 x' 变为 $8-x$。

二 对水务管理部门的信任程度 (Trust in Water Authorities，TIWA)

对水务管理部门的信任程度主要代表着对水务部门为居民提供达标、可靠的再生水的能力、初衷的信任程度，以及对其所提供的关于再生水安全性信息的信任程度。因此本部分研究问卷主要从这3个方面对居民对水务管理部门的信任程度进行测量（题项见表8-2），答题规则同上。

表 8-2　对水务管理部门的信任程度测量

构面名称	概念解释	题号	题项
对水务管理部门的信任程度	对水务管理部门服务能力、初衷以及所提供信息的信任程度	TIWA1	我相信再生水主管部门所提供的关于再生水安全性的信息
		TIWA2	我对水务管理部门能为我们提供安全可靠的再生水有充分的信心
		TIWA3	我相信水务管理部门会竭尽全力去保证供水安全

三 再生水回用了解程度 (Knowledge About Recycled Water，KARW)

该部分研究从居民对再生水来源、处理过程及品质的了解3个方面进行测度，以期了解居民对再生水回用的了解程度（题项见表8-3），作答规则同上。

表 8-3　再生水回用了解程度测量

构面名称	概念解释	题号	题项
再生水回用了解程度	对再生水相关信息的了解程度	KARW1	我知道再生水的来源
		KARW2	我了解再生水处理的过程
		KARW3	我了解再生水的品质

注：本部分研究参考 Ross 等（2014）关于居民对再生水回用了解程度的研究[145]。

　　根据 Bentler 的建议，为了保证结构方程模型的可信度，在建立结构方程模型时应将样本随机分为两部分，一部分用于发展模型，另一部分用于模型的重复验证[146]。故在进行本部分研究时，将分层随机抽样而来的 584 份样本在每一个分层内随机分为两份，以保证在分层比例不变的情况下随机等分样本，以避免样本地域因素对研究结论的干扰。最终采用 292 个样本用于发展模型，另外 292 个样本用于模型重复检验。

　　根据 Hair 等的建议，若采用结构方程模型作为分析手段，样本与观察变量之间的比例应为 $1:10 \sim 1:15$，且样本数为 $200 \sim 400$ 较为妥当[121]。本研究中共计 4 个构面 14 道题目，故本研究采用 292 个样本用于发展模型符合样本数量规定。

第三节　知识普及政策作用机理模型
信度与效度分析

　　为确定问卷信度是否达标，本部分研究首先对代表信度水平的克朗巴哈系数进行测量，检验结果见表 8 - 4。根据表 8 - 4 可知，各部分 α 值均超过 0.7 的可接受标准，说明问卷信度良好。在效度检验方面，采用在该领域运用最为广泛的检验项目，即收敛效度和区别效度，进行检验。

　　根据表 8 - 4 检测值可知，标准化因素负荷量均大于 0.6，且非标准化检验均显著。CR 值均大于 0.7，符合 Fornell 和 Larcker，以及 Hair 的建议标准[120, 121]。同时 AVE 值均大于 0.5，亦符合 Fornell 和 Larcker 所建议的标准[120]。故可得出结论，各构面收敛效度良好。

表 8 - 4　知识普及政策作用机理模型的信度和收敛效度

构面	题目	参数显著性估计				标准化因素负荷量（Std.）	题目信度（SMC）	组成信度（CR）	收敛效度（AVE）	克朗巴哈系数（α）
		Unstd	S. E.	t 值	P					
再生水回用接受意愿	ACC_1	1.000				0.907	0.823	0.957	0.816	0.956
	ACC_2	1.085	0.042	25.745	***	0.917	0.841			
	ACC_3	1.012	0.041	24.407	***	0.899	0.808			
	ACC_4	1.010	0.041	24.526	***	0.900	0.810			
	ACC_5	0.989	0.041	23.992	***	0.893	0.797			
再生水回用风险感知程度	PR_1	1.000				0.829	0.687	0.860	0.672	0.808
	PR_2	0.987	0.071	13.961	***	0.795	0.632			
	PR_3	1.034	0.072	14.340	***	0.834	0.696			
再生水回用了解程度	$KARW_1$	1.000				0.758	0.575	0.874	0.699	0.881
	$KARW_2$	1.210	0.083	14.497	***	0.874	0.764			
	$KARW_3$	1.216	0.084	14.483	***	0.870	0.757			
对水务管理部门的信任程度	$TIWA_1$	1.000				0.710	0.504	0.838	0.634	0.849
	$TIWA_2$	1.188	0.099	11.980	***	0.852	0.726			
	$TIWA_3$	1.112	0.093	11.975	***	0.819	0.671			

在区别效度检验方面，根据 Fornell 和 Larcker 的建议[120]，只需确定潜在变量所对应 AVE 值的平方根是否大于其与所有其他潜在变量的 Pearson 相关系数即可，根据表 8 - 5 可看出，该问卷各构面间具有良好的区别效度。

表 8 - 5　知识普及政策作用机理模型区别效度

	AVE	再生水回用了解程度	对水务管理部门的信任程度	再生水回用风险感知程度	再生水回用意愿
再生水回用了解程度	0.699	**0.836**			
对水务管理部门的信任程度	0.634	0.575	**0.796**		
再生水回用风险感知程度	0.672	0.513	0.551	**0.820**	
再生水回用意愿	0.816	0.322	0.391	0.581	**0.903**

注：加粗数字为相应构面间 AVE 的平方根，其余值为构面间的 Pearson 相关系数。

第四节　知识普及政策作用机理模型拟合检验

在前文已验证数据信度、效度且样本数量符合要求的基础上，本研究采用 AMOS 21.0 软件对随机分得的 292 组样本进行模型开发（见图 8－2），并对整体模型的拟合情况进行验证。而后用另外 292 组样本对已发展模型进行重复验证，并在此基础上对前文所提出的假设 1～9 进行论证。此外，还对整体模型中存在的中介效应进行了分析。

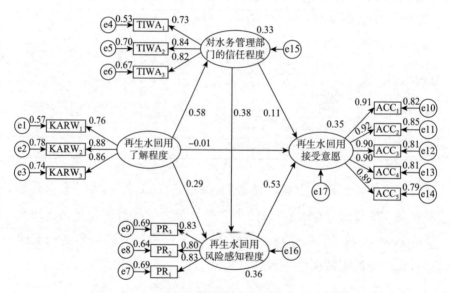

图 8－2　知识普及政策作用机理模型标准化估计

一　模型拟合度分析

本章在对模型拟合度进行报告时采用以下 10 项指标（见表 8－6）。

表 8 - 6   知识普及政策作用机理模型拟合度检验

拟合度指标	拟合度测量值	拟合度理想值
chi-square	97.105	
df	71	
chi-square/df	1.368	≤3
RMSEA	0.036	<0.08
SRMR	0.033	<0.08
GFI	0.957	>0.8
AGFI	0.936	>0.8
NFI	0.969	>0.9
TLI	0.989	>0.95
CFI	0.991	>0.95

根据表 8 - 6 可见，结构方程模型拟合度指标良好，说明模型与数据间拟合良好。

二　模型交叉效度分析

为验证结构方程模型是否具有良好的交叉效度，该部分采用群组比较的方式[123]，将此前随机分出的另一群组（292 组样本）代入模型并与当前模型进行比较，以确定结构方程模型是否具有跨群组的一致性。在检验模型跨群组一致性时，采用严谨策略，具体检验指标包含因素负荷量、路径系数、因素协方差、结构残差与测量残差是否全等。

在假设模型正确的基础上，首先，将两群组模型的因素负荷量设为一致，检验结果 P = 0.585，远高于 0.05，故可证明结构模型的因素负荷量具有跨群组的一致性；而后，在维持因素负荷量一致设定外，将路径系数设为一致，检验结果 P = 0.191，亦远高于 0.05，故可证明结构模型的路径系数具有跨群组的一致性；在以上设定的基础上，增设因素协方差全等，得 P = 0.263，高于 0.05，可证明结构模型的因素协方差具有跨群组的一致性；然后，再增设结构残差及测量残差全等，分别得 P = 0.003 和 0.015，均小于 0.05，然而根据 Cheung 等[147] 及 Little[103] 的研究结论，△CFI 及 △TLI 的绝对值分别低于 0.01 和 0.05 时，即便 P 值显著仍可认为模型在大体上全等，故可认为结构残差及测量残差具有实务上的一致性（见表 8 - 7）。

表 8 - 7　知识普及政策作用机理模型交叉效度检验

模型	△df	△CMIN	P	△NFI	△IFI	△RFI	△TLI	△CFI
因素负荷量	12.000	10.358	0.585	0.002	0.002	-0.001	-0.001	0.000
路径系数	7.000	9.960	0.191	0.001	0.002	0.000	0.000	0.000
因素协方差	3.000	3.987	0.263	0.001	0.001	0.000	0.000	0.000
结构残差	3.000	13.790	0.003	0.002	0.002	0.002	0.002	-0.002
测量残差	17.000	32.057	0.015	0.005	0.005	0.001	0.001	-0.002

通过表 8 - 7 可知，模型在严谨策略下的群组一致性检验中，各类指标均全等，故可证明结构方程模型在两群样本间具有跨群组一致性，即表明结构方程模型通过交叉效度检验，模型设定正确。

三　模型路径系数检验

在对结构方程模型通过拟合度及交叉效度进行验证的基础上，报告模型的路径系数，并对相应研究假设进行检验（见表 8 - 8）。

表 8 - 8　知识普及政策作用机理模型标准化路径系数检验

路径名称	标准化估计值	非标准化估计值	标准差	t 值	P	显著性
PR→ACC	0.528	0.688	0.101	6.831	***	显著
TIWA→PR	0.382	0.431	0.089	4.84	***	显著
TIWA→ACC	0.107	0.157	0.115	1.362	0.173	不显著
KARW→PR	0.293	0.242	0.063	3.867	***	显著
KARW→TIWA	0.575	0.422	0.049	8.693	***	显著
KARW→ACC	-0.011	-0.012	0.079	-0.15	0.881	不显著

根据表 8-8 可知，除 TIWA→ACC 和 KARW→ACC 路径不显著外，结构方程模型中其余各条路径系数均显著。也就是说，除对水务管理部门的信任程度和对再生水回用的了解程度对再生水接受意愿影响不显著外，其余各构面间均存在显著影响。而后，根据路径系数的检验结果，对研究假设 1~6 分别进行验证，假设验证结果如表 8-9。

表 8-9 假设检验

研究假设	假设检验
假设 1：居民对再生水回用的风险感知程度会反向影响其对再生水回用的接受意愿	支持
假设 2：居民对水务管理部门的信任程度会反向影响其对再生水回用的风险感知程度	支持
假设 3：居民对水务管理部门的信任程度会正向影响居民对再生水回用的接受意愿	不支持
假设 4：居民对再生水回用的了解程度会反向影响其对再生水回用的风险感知程度	支持
假设 5：居民对再生水回用的了解程度会正向影响其对水务管理部门的信任程度	支持
假设 6：居民对再生水回用的了解程度会正向影响其对再生水回用的接受意愿	不支持

根据表 8-9 可知，文中提出的前 6 个假设除假设 3 和假设 6 外均得到验证。

四 结论分析

第一，对再生水回用的风险感知程度会反向影响对再生水回用的接受意愿。PR 对 ACC 的标准化路径系数显著且高于其他指向 ACC 路径的路径系数，同时由于为了计算方便，在进行模型计算时已将 PR 构面数据进行了反向处理，故本研究支持 PR 反向影响 ACC 的假设，且能显见 PR 对 ACC 的重要影响效果。同时，这一研究结论支持了 Higgins 等[148]的观点，其发现 PR 对 ACC 的反向影响效果在中国情境下仍然存在，降低对再生水回用的风险感知程度是提高中国消费者对再生水回用接受意愿的重要手段。

第二，对水务管理部门的信任程度及对再生水回用的了解程度，均会反向影响对再生水回用的风险感知程度。通过对标准化路径系数的观察及显著性检验，发现再生水回用了解程度以及对水务管理部门的信任程度较高的群体对再生水回用的风险感知程度较低。这一结论为如何调控再生水回用风险感知程度给出了合理可行的思路，首先，通过对标准化路径系数进行对比可发现对再生水回用风险感知程度影响效果最为显著的是潜在变量 TIWA，TIWA 的高低会反向影响 PR 值。这一结论与 Mankad 等及 Robinson 等[149, 150]的研究结论相同，强调了提高居民对水务管理部门的信任程度对于降低居民对再生水回用风险感知程度的重要作用，从政府管理视角为调控居民对再生水回用风险的感知程度提供了思路。与此同时，KARW 对 PR 的反向影响作用亦得到了证实，对再生水回用了解程度越高的个体对再生水回用的风险感知程度越低，反之亦然，可见社会心理学领域发现的居民对陌生事物存在恐惧心理的结论在再生水回用领域仍然存在，对再生水缺乏了解的居民会出于这一心理而倾向于高估再生水回用的风险，这也说明在再生水的实际推广过程中，加强对再生水回用知识的普及和信息的公布能有效降低居民对再生水回用的风险感知程度。

第三，对水务管理部门的信任程度对再生水回用接受意愿的直接影响效果并未得到验证。在本研究中 Marks 等以及 Ross 等[151, 152]关于 TIWA 会直接正向影响 ACC 的结论并未得到证实，在后续研究中将采用 Bootstrap 法进行中介检验，继续就 TIWA 通过 PR 间接影响 ACC 的路径的作用效果进行论证。

第四，对再生水回用的了解程度对再生水回用接受意愿的直接影响效果并不显著。根据对结构方程模型中代表不同因素间直接影响效果的路径系数显著性进行检验，可发现 Hurlimann 等[153]关于

"居民对再生水回用的了解程度会显著影响其对再生水回用的接受意愿"的观点，在本研究中并未得到证实。后续将继续对再生水回用了解程度，对再生水回用接受意愿的中介影响效果进行研究论证。

第五，对水务管理部门的信任程度会受到再生水回用了解程度的正向影响。该部分研究结论与行政管理领域关于政府透明度与政府信任关系的研究结论相一致，也为通过增加再生水回用信息披露进而提高居民对水务管理部门的信任程度这一实际操作办法提供了理论支撑。

第五节　知识普及政策作用机理模型中介效应检验

一　再生水回用了解程度对再生水回用接受意愿的中介效应

根据研究假设，再生水回用了解程度可能通过 3 条中介路径影响再生水回用接受意愿，即：KARW→PR→ACC、KARW→TIWA→ACC 以及 KARW→TIWA→PR→ACC。以下将采用 Bootstrap 法对 3 条路径的中介效应是否存在进行检验，并对其中介效果进行相互比较（见表 8 – 10）。

表 8 – 10　再生水回用了解程度对再生水回用接受意愿的中介效应检验

路径名称	点估计	系数乘积		Bootstrap 法			
				BC 法 （95% 置信区间）		Percentile 法 （95% 置信区间）	
		标准误	Z 值	极小值	极大值	极小值	极大值
中介效应							
PR	0.167	0.053	3.151	0.080	0.294	0.075	0.284
TIWA	0.066	0.059	1.119	– 0.052	0.182	– 0.052	0.182

续表

路径名称	点估计	系数乘积		Bootstrap 法			
				BC 法 （95% 置信区间）		Percentile 法 （95% 置信区间）	
		标准误	Z 值	极小值	极大值	极小值	极大值
TIWA & PR	0.125	0.037	3.378	0.068	0.221	0.063	0.209
TOTAL	0.358	0.069	5.188	0.232	0.509	0.230	0.505
中介效应比较							
PR vs. TIWA	0.101	0.085	1.188	-0.059	0.276	-0.062	0.274
PR vs. TIWA &PR	0.042	0.068	0.618	-0.092	0.178	-0.092	0.177
TIWA vs. TIWA &PR	-0.059	0.080	-0.738	-0.241	0.076	-0.232	0.087

注：PR 指代路径 KARW→PR→ACC；TIWA 指代路径 KARW→TIWA→ACC；TIWA & PR 指代路径 KARW→TIWA→PR →ACC。样本通过 5000 次 Bootstrap 取得。

根据表 8 - 10 可知，路径 KARW→PR→ACC 及 KARW→TIWA→PR→ACC 的 Z 值均大于 1.96，说明通过系数乘积法对两条路径的中介效应检验均显著。同时，在 Bootstrap 法中 BC 法与 Percentile 法的极小值与极大值区间中不含 0。故可知路径 KARW→PR→ACC 及 KARW→TIWA→PR→ACC 中介效应均显著。与此同时，路径 KARW→TIWA→ACC 并未通过系数乘积法（Z 值小于 1.96）、BC 法与 Percentile 法（极小值与极大值区间中包含 0）的检验，说明该路径中介效应不存在。故可得关于假设 7 ~ 9 的假设检验结果如表 8 - 11。

表 8 -11　假设检验

研究假设	假设检验
假设 7：居民对再生水回用的了解程度会通过影响对水务管理部门的信任程度，而间接正向影响其对再生水回用的接受意愿	不支持
假设 8：居民对再生水回用的了解程度会通过影响对再生水回用的风险感知程度，而间接正向影响其对再生水回用的接受意愿	支持
假设 9：居民对再生水回用的了解程度会通过依次影响对水务管理部门的信任程度及对再生水回用的风险感知程度，而间接正向影响其对再生水回用的接受意愿	支持

二　对水务管理部门的信任程度对再生水回用接受意愿的中介效应检验

根据路径系数检验结果，居民对水务管理部门的信任程度对再生水回用接受意愿的直接影响效果并不显著。为继续验证对水务管理部门的信任程度是否能间接影响接受意愿，本部分研究根据假设模型，将 TIWA→PR→ACC 作为潜在影响路径，并采用 Bootstrap 法对该路径的中介效应是否存在进行检验（见表 8 – 12）。

表 8 – 12　对水务管理部门的信任程度至再生水回用接受意愿的中介效应检验

点估计	系数乘积		Bootstrap 法			
			BC 法（95% 置信区间）		Percentile 法（95% 置信区间）	
	标准误	Z 值	极小值	极大值	极小值	极大值
中介效应						
0.296	0.084	3.524	0.161	0.492	0.153	0.477
直接效应						
0.157	0.142	1.106	– 0.121	0.443	– 0.120	0.444
总效应						
0.453	0.141	3.213	0.198	0.753	0.196	0.748

注：中介效应指代路径 TIWA→PR→ ACC；直接效应指代路径 TIWA→ACC。样本通过 5000 次 Bootstrap 取得。

根据表 8 – 12 可知，路径 TIWA→ACC 的 Z 值小于 1.96，说明通过系数乘积法对该路径的中介效应检验不显著。同时，在 Bootstrap 法中 BC 法与 Percentile 法的极小值与极大值区间均包含 0。故可得出结论，对水务管理部门的信任程度对再生水回用接受意愿的直接影响效果不显著（与前文研究结论相一致）。

与此同时，路径 TIWA→PR→ACC 及总效应显著（Z 值大于 1.96，且 BC 法和 Percentile 法的极小值与极大值区间中不包含 0），说明尽管对水务管理部门的信任程度对再生水回用接受意愿不存在显著的直接影响效果，却仍然能够通过影响再生水回用风险感知程度间接影响再生水回用接受意愿，TIWA→PR→ACC 是完全中介。

三　结论分析

首先，解释了居民再生水回用了解程度的高低影响再生水回用接受意愿的路径。通过对 KARW→PR→ACC、KARW→TIWA→ACC 以及 KARW→TIWA→PR→ACC 3 条路径的中介效应进行 Bootstrap 检验，发现了解程度可通过影响对水务管理部门的信任程度以及风险感知程度，而正向影响对再生水回用的接受意愿。结合前文关于了解程度对接受意愿不存在直接效果的研究结论，可得出提高居民对再生水回用的了解程度，尽管不会对其再生水回用接受意愿产生直接影响，却能通过提高其对水务管理部门的信任程度，以及降低其对再生水回用的风险感知程度，而起到提高接受意愿的最终目的，从而为知识普及政策的具体作用路径给出了科学解释。

其次，居民对水务管理部门的信任程度尽管不能对再生水回用接受意愿产生直接显著影响，却能通过影响其对再生水回用的风险感知程度而间接影响再生水回用接受意愿。根据路径系数检验结果，代表居民对水务管理部门的信任程度对再生水回用接受意愿直接影响效果的路径系数并不显著，但这并不意味着居民对水务管理部门的信任程度对再生水回用接受意愿不会产生影响。通过对影响路径 TIWA→PR→ACC 采用 Bootstrap 进行中介效应检验，验证了中介效应显著存在。故而可得出结论，对于我国消费者而言，对水务管理部门的信任程度对再生水回用接受意愿的影响，需通过影响其对再生水回用风险的感知程度而实现。这一结论的发现，是对 Marks 等[151]以及 Ross 等[152]关于对水务管理部门的信任程度与再生水回用接受意愿间存在影响这一观点的进一步深入。

第六节　本章小结

为解释知识普及政策的引导效果，本章以居民对再生水回用的接受意愿作为因变量，寻求再生水回用了解程度对再生水回用接受意愿的影响路径。针对这一研究目的，在总结前人关于不同再生水回用行为影响因素研究结论的基础上，引入政府管理及风险管理领域的相关观点，提出理论模型，在调研数据的基础上建立再生水回用了解程度对再生水回用接受意愿影响的知识普及政策作用机理模型，并在此基础上形成以下研究结论。

首先，建立了适用于解释再生水回用了解程度对再生水回用接受意愿影响的理论模型。

其次，确定了知识普及政策对居民再生水回用行为引导效果的作用路径。通过对模型中路径系数的检验以及中介效应检验，发现提高居民对再生水回用的了解程度，可通过两条路径正向影响其对再生水回用的接受意愿，即：通过降低对再生水回用的风险感知程度，进而提高接受意愿；通过提高对水务管理部门的信任程度，间接降低对再生水回用的风险感知程度，进而实现对居民再生水回用接受意愿的提升效果。

第九章

基于主体建模的再生水回用行为
引导政策作用效果仿真

对于再生水回用推广而言，制定有针对性的政策来引导公众参与必不可少。主体建模作为一种政策模拟工具，能通过模拟多个主体的同时行动和相互作用以再现和预测复杂现象。整个模拟过程从低（微观）层次到高（宏观）层次逐步涌现，使得主体在相互作用下可产生真实世界般的复杂性。通过主体建模捕捉关于不同类型干预策略前后的系统均衡状态，可以预测其作用效果。本研究采用主体建模对再生水回用行为干预政策的作用效果进行模拟，以期为再生水回用公众引导政策的制定提供科学依据。

第一节 研究假设和研究框架

一 研究假设

由于再生水回用自身的特点，公众对不同再生水回用用途的接受程度大相径庭。在 Hurlimann 和 Dolnicar 的研究中，通过比较 9 个国家公众对不同再生水回用用途的接受程度数据，验证了公众对不同再生水回用用途的接受程度随其与人体接触程度的提高而降低[48]。因此，为更详尽地研究不同行为引导政策的作用效果，本研究将人体接触程度作为不同再生水回用行为类型的划分依据，选取示范引导政策、知识普及政策和环保动机激发政策作为研究对象，并提出以下假设。

假设1：示范引导政策对各种再生水回用类型均具有最好的引导效果。早在1974年Baumann就研究指出："提高居民对再生水接受意愿最有效的办法就是在一处吸引人的设施中使用再生水，并邀请居民参观它、闻它、围绕着它野营、在水里钓鱼甚至游泳。"[153]为验证在再生水回用推广政策中应用最广泛的示范引导政策是否具有最好的引导效果，故提出假设1。

假设2：知识普及政策的作用效果会随着再生水回用行为人体接触程度的降低而提高。由于对再生水回用缺乏了解，人们容易对再生水产生消极、错误的认知，甚至先入为主地认为再生水是不安全的[36]。因此，提高公众对再生水回用的了解程度，会对其接受风险较小的低接触程度的再生水回用用途起到良好的促进作用，故提出假设2。

假设3：环保动机激发政策的作用效果会随着再生水回用行为人体接触程度的提高而提高。由于再生水回用行为具备环保属性，公众在进行再生水回用行为决策时，并不完全出于利益的权衡，而会在一定程度上受保护环境、造福社会的利他动机的驱使。因此，通过有效地激发公众保护环境的动机，无疑对提高公众对再生水回用的接受程度具有重要意义。而对公众使用顾虑最大的高人体接触程度的再生水回用类型，这一影响效果可能会更为明显，故提出假设3。

二 研究框架

第一步：首先对中国西北干旱地区6个典型城市进行"再生水回用行为引导政策作用效果"的问卷调研，收集"居民对不同再生水回用行为引导政策的感知情况"、"居民对不同接触程度的再生水回用用途的接受情况"和"关联型自我构建"等个体数据（见图9-1第一步）。

第二步：利用所收集的数据进一步构建并训练人工神经网络（Artificial Neural Network，ANN），在网络结构上选择了反向传播的神经网络（Back Propagation Neural Network，BPNN），构建个体受外界影响（引导政策）而进行不同行为决策的 BPNN 模型（见图 9-1第二步）。

第三步：利用 NetLogo 6.1.0 构建 ABM 模型，以 DGP、KPP、EMP 为每一个主体的基本属性，并作为输入数据进入 BPNN，将BPNN 的输出结果作为每个主体的决策结果。模型运行后，通过每一个主体的自由移动与交互，每个主体能够根据其所接收到的不同信息进行再生水回用行为决策。通过汇集每一个主体的行为决策结果，就能够观察到在不同政策影响下，各主体对不同接触程度的再生水回用用途接受程度的变化情况，从而通过模拟实验观测到政策作用的宏观效果（见图 9-1第三步）。

第二节　数据来源与研究方法

一　数据来源

本研究选取中国最干旱缺水的新疆、青海、内蒙古、甘肃、宁夏、陕西 6 个省区中的典型城市乌鲁木齐、西宁、包头、兰州、银川及西安作为调研地点。采用邮件及网络问卷相结合的方式，获取了 2400 份有效问卷（每个城市各 400 份有效问卷）。本次调研所采用的问卷可分为 4 个部分。第一部分，统计了调研参与人的社会人口学指标，包含年龄、性别、受教育程度、民族等；第二部分，包含调研参与人对不同接触程度的再生水回用用途的接受程度，问卷

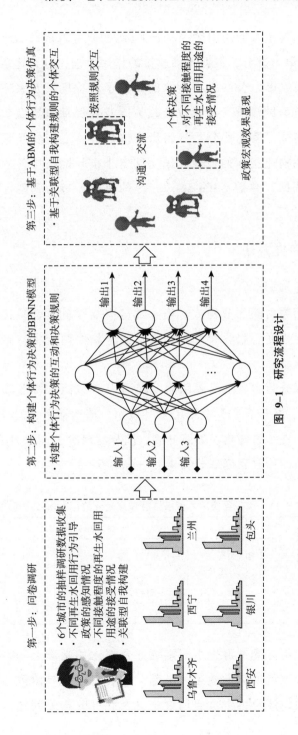

图 9-1　研究流程设计

中所涉及的再生水回用用途,参照 Fu 等的研究选取较为常见的 9 种用途[154];第三部分,根据不同政策的作用原理,分别选取再生水回用设施普及程度、公众对再生水回用的了解程度以及水环境保护动机作为示范引导政策、知识普及政策以及环保动机激发政策作用效果的测量指标;第四部分,将衡量个体与群体之间相互影响关系的关联型自我构建指标的强度,作为制定小世界网络中各主体之间交互准则的依据,并借鉴 Pusaksrikit 等的研究,对关联型自我构建指标进行测量[155]。

二 研究方法

1. 问卷设计

调研问卷由四部分构成。第一部分有 5 个问题,包括性别、年龄、受教育程度、职业和月收入,主要是收集调研参与人的社会人口背景信息。

第二部分为再生水回用用途。问题为"您能否接受以下再生水回用用途",共包含 9 类使用用途(饮用、泳池补水、盥洗衣物、浇灌农作物、洗车、冲厕、道路冲洒、园林灌溉和公园水景),按照人使用再生水的接触程度划分为 4 类(见表 9 - 1)。

表 9 - 1　按人类使用再生水接触程度划分的再生水回用用途

接触程度	分类	回用用途				
最高	RWB$_4$	饮用				
高	RWB$_3$	泳池补水				
低	RWB$_2$	盥洗衣物	浇灌农作物			
最低	RWB$_1$	洗车	冲厕	道路冲洒	园林灌溉	公园水景

在第二部分测量再生水回用意愿及用途的基础上,第三部分测量不同引导政策的影响效果。本部分包含三大引导政策:第一为示范引导政策,涉及再生水回用设施普及程度的相关问题,包含 3 个

题项；第二为知识普及政策，涉及对再生水回用了解程度的相关问题，包含 4 个题项；第三为环保动机激发政策，涉及水环境保护动机的相关问题，包含 4 个题项。

示范引导政策，是为了营造更好的再生水使用氛围，提高再生水回用设施的普及程度，从而影响再生水回用意愿。制定并实施知识普及政策会直接改变大家对再生水的了解程度，从而影响再生水回用意愿。制定并实施环保动机激发政策，则能提高大家的环境保护动机，从而影响再生水回用意愿。我们猜测，这 3 种引导政策对个人的作用程度与再生水回用意愿和再生水回用用途呈现关联性影响，将通过问卷进行验证。

第四部分测量人群中个体之间的相互影响及自我影响，包含 5 个题项。

2. 个体行为决策的人工神经网络模型

在模拟个体决策的过程中，我们面临这样的难题，即在再生水回用行为决策方面，个体决策行为难以进行量化表达。通过问卷调研结果可知（见表 9-2），不同引导政策与再生水回用的途径具有较强相关性，也就是说如果引导政策对个体的作用效果发生改变，则会引起个体再生水回用途径选择的改变，但是目前对于改变的程度并没有明确的数学表达。因此，我们利用调研问卷所获得的数据，构建 BP 神经网络，对问卷所获得的数据进行模式匹配，建立一个受政策驱动的个体再生水使用决策的人工神经网络模型，由此来解决每一个个体决策行为的量化问题。

表 9-2　不同引导政策与再生水回用用途的相关性检验

		RWB_1	RWB_2	RWB_3	RWB_4
KPP	Pearson 相关性	0.905**	0.931**	0.953**	-0.844**
	显著性（双侧）	0.000	0.000	0.000	0.000
	N	501	501	501	501

续表

		RWB$_1$	RWB$_2$	RWB$_3$	RWB$_4$
DGP	Pearson 相关性	0.898**	0.941**	0.931**	0.959**
	显著性（双侧）	0.000	0.000	0.000	0.000
	N	501	501	501	501
EMP	Pearson 相关性	0.905**	0.922**	0.926**	0.943**
	显著性（双侧）	0.000	0.000	0.000	0.000
	N	501	501	501	501

注：**代表在 0.01 水平上（双侧）显著相关。

神经网络的结构见图 9-2。

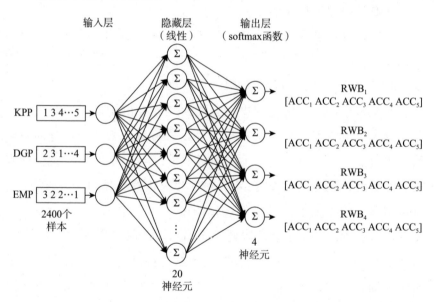

图 9-2　再生水使用个体决策的人工神经网络模型

根据问卷结果，居民在不同引导政策下展示了多样的再生水回用途径选择，因此 ANN 模型中的输入确定为 3 个，即知识普及政策（KPP）、示范引导政策（DGP）及环保动机激发政策（EMP），输出为再生水的不同回用途径（见表 9-3）。

表 9 – 3   ANN 模型的输入和输出

符号	类型	数值范围	解释
KPP	输入	[1，5]	取自问卷"知识普及政策"，其下题项求均值作为输入
DGP	输入	[1，5]	取自问卷"示范引导政策"，其下题项求均值作为输入
EMP	输入	[1，5]	取自问卷"环保动机激发政策"，其下题项求均值作为输入
RWB$_1$	输出	[1，5]	1 代表最不愿意接受；2 代表不愿意接受；3 代表中立；4 代表愿意接受；5 代表非常愿意接受
RWB$_2$	输出	[1，5]	
RWB$_3$	输出	[1，5]	
RWB$_4$	输出	[1，5]	

由于线性回归的标签 y 和模型输出都为连续的实数值，因此在模型中，选择平方损失函数（Quadratic Loss Function）ξ 来衡量真实标签和预测标签之间的差异。

$$\xi[y,f(x,\theta)] = [y - f(x,\theta)]^2/2 \tag{1}$$

其中，$f(x, \theta)$ 为假设空间中的模型结果，为预测值；θ 为一组可学习参数（包含权重和偏置），x 为输入；y 为对应输入的真实结果。

模型选择经验风险最小化准则进行训练，训练集 D 上的经验风险定义为：

$$R(w) = \frac{1}{2}\sum_{n=1}^{N}\{y^{(n)} - f[x^{(n)},\theta]\}^2 \tag{2}$$

其中，N 为样本数量；$y^{(n)}$ 为真实值；$f[x^{(n)}, \theta]$ 为预测值。

评价指标选取准确率（ACC）进行观测：

$$ACC = \frac{1}{N}\sum_{n=1}^{N}I[y^{(n)} = \hat{y}^{(n)}] \tag{3}$$

其中，N 样本数量；I 为指示函数；$y^{(n)}$ 为真实值；$\hat{y}^{(n)}$ 为预测值。

神经网络采用反向传播算法，学习率设置为 0.1。将调研收集的数据整理并制作数据集，随机划分 80% 为训练集 D，另 20% 为测试集 T。经过训练，BPNN 模型的损失函数及预测准确率见图 9 - 3，准确率基本在 70% 左右。测试集的结果稍好于训练集，没有出现过拟合的现象。对于调研数据来说，预测结果基本可以接受。

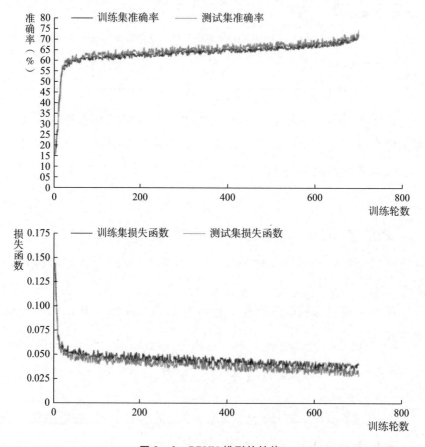

图 9 - 3　BPNN 模型的性能

3. ABM

该模型模拟了这样一个小世界：在这个世界中，每个主体对再生水的使用决策受到两种因素影响。首先，不同引导政策会对每个主体的决策直接产生影响；其次，各主体之间存在关联型自我构建效果，会相互影响。通过不断循环，在不同的影响环境下，每一个主体的再生水回用行为选择都在变化。在实验过程中,通过改变每一项引导政策的作用力度,每一个主体都会做出自己的行为决策,最终形成稳定的输出,通过汇集每一个主体的再生水回用行为决策的结果,就能够观察到不同引导政策的宏观作用效果。本实验的个体行为决策逻辑见图9-4。

根据问卷调查结果可知,每位被调查者都具备强弱不同的关联型自我构建,为体现关联型自我构建强弱对主体间交互作用的影响,在本研究构建的模拟世界中,设定关联型自我构建为主体的自然属性,用 SN_i 表示。假设系统中主体的关联型自我构建属性为模型舒适化时随机赋值,赋值范围为 [1,5],表示主体的关联型自我构建由弱到强,其中"1"表示该主体关联型自我构建最弱,受其他主体影响的概率最小;"5"表示该主体关联型自我构建最强,最易受其他主体的影响。

本研究设计的虚拟世界模拟的是调研区域的现实情况,以考察不同激励政策的影响。每个决策个体有3个决策认知属性,即知识普及政策 KPP_i、示范引导政策 DGP_i 及环保动机激发政策 EMP_i。这3个属性初始化时按照调研数据中出现的频率随机赋值,公式如下:

$$\{KPP_i, DGP_i, EMP_i\} = random[1\cdots1, 2\cdots2, 3\cdots3, 4\cdots4, 5\cdots5] \tag{4}$$

模拟世界是一个由 101×101 地块组成的"城镇"网格,主体数量为1089。主体的活动范围是一个受限范围,以其初始位置为原点,在半径为1格的范围内活动 [见图9-5(a)]。交互准则的设计依据如下。

第一,主体是模拟城市居民,因此每一个主体都能够进行移动并进行交互。

第二,根据城市居民日常生活的活动情况,大部分主体都在一定范围内活动。

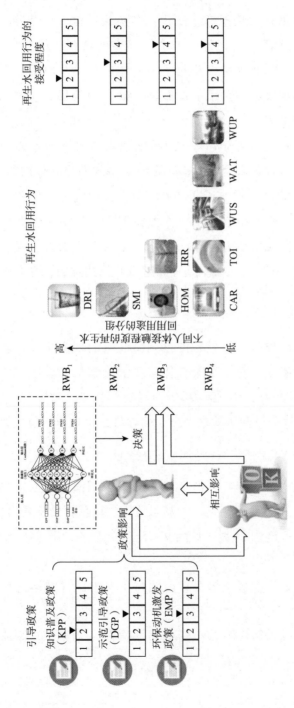

图 9-4 个体行为决策逻辑

注：DRI、SMI、HOM、IRR、CAR、TOI、WUS、WAT和WUP分别代表再生水的用途为饮用、泳池补水、浇灌农作物、盥洗衣物、洗车、冲厕、道路冲洒、园林灌溉和公园水景。

每一个主体通过社会网格的交流和沟通完成交互，设置所有的主体位于一个正方形的社会网格上，视野参数（SL）为1格，每个网格的邻域边长为3格，位于中心的主体只受到邻域边长3格以内其他主体的影响［见图9-5（b）］。每一个主体在如图9-5（a）所示的黑色框中活动，只有当其他主体处于自己的视野内，双方才能够进行交互。图9-5（b）中，主体1不能与其他任何主体交互，主体2能与主体3交互，主体3能与主体2和主体4交互，主体4只能和主体3交互。

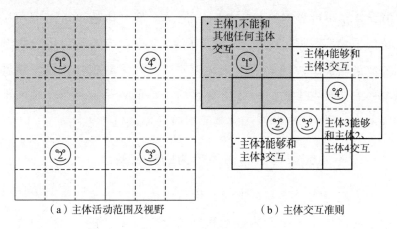

（a）主体活动范围及视野　　　　　　（b）主体交互准则

图9-5　主体交互规则

每个主体对其他主体的影响大小由自己以及对方关联型自我构建的强弱决定。关联型自我构建属性值的大小决定行为主体行为调整的概率，每个主体选择周边距离小于2格的主体，将自己的关联型自我构建值与周边主体比较，如果对方的关联型自我构建值大于该主体，则该主体会根据关联型自我构建差值大小决定其再生水回用行为的调整概率，关联型自我构建差值越大则调整概率越大。交互影响的公式如下：

$$RWB_i = RWB_i + (RWB_j - RWB_i) \times (SN_j - SN_i)/4, SN_j > SN_i \qquad (5)$$

$$RWB_j = RWB_j + (RWB_i - RWB_j) \times (SN_i - SN_j + 5)/4, SN_j > SN_i \qquad (6)$$

其中，RWB_i 为当前个体的再生水回用意愿；RWB_j 为当前个体视野内可交互个体的再生水回用意愿；SN_i 为当前个体的关联型自我构建；SN_j 为当前个体视野内可交互个体的关联型自我构建。

第三节 结果分析

为准确模拟不同政策对再生水回用行为的影响作用，本研究在保持其余政策施加强度为 0 的情况下，每次提高某一政策施加强度 0.01，并在小世界网络稳定之后，记录全部主体的再生水回用接受意愿的平均值数据。在图 9 - 6 及图 9 - 7 中，横轴均为不施加其余两种政策即其余两种政策改变量为 0 时，政策的施加强度。纵轴代表全部主体对再生水回用接受意愿的平均值变化量，当 x 轴政策施加强度为 0 时，y 轴对应接受意愿均值变化量均为 0。

一 不同类型再生水回用行为的适配政策

为了确定不同类型再生水回用行为的适配干预政策，本研究将再生水回用用途依照人体接触程度划分为 4 种，并分别模拟在不同政策干预强度下，各个主体对不同类型再生水回用接受意愿的变化程度（见图 9 - 6）。

除 RWB_1 外，DGP 对其余 3 种再生水回用用途的作用效果均最强。如图 9 - 6（b）至图 9 - 6（d）所示，DGP 改变造成主体对 RWB_2、RWB_3 和 RWB_4 的 ACC 均值变化量均高于其余两种政策类型，这一结论与假设 1 相一致。然而，对于接触程度最低的再生水回用类型 RWB_1，DGP 的作用效果却弱于 KPP，与假设 1 不符。之所以造成这一现象，一是由于 KPP 政策对 RWB_1 的作用效果本身较强；二是可能因为 RWB_1 所对应的接触程度最低的几种再生水回用用途，本身就是当前应用最广泛的，公众在日常生活中有较多的接触这一类用途的机会,这也在一定程度上造成了公众对该类用途的心理脱敏,并进一步导致主要依靠营造再生水回用氛围以实现引导效果的示范引导政策的作用效果弱化。

对于 RWB_3 和 RWB_4 所对应接触程度较高的再生水回用类型,EMP 能起到较强的影响效果。在以往众多研究中已经证实,在决定是否接受接触程度较低的再生水回用用途时,诸如再生水价格、使用是否方便等客观因素仍会起到重要作用。而对于高接触程度的再生水回用用途而言,对其安全性的顾虑及"恶心"则成为决定性因素。对于高接触程度的再生水回用类型而言,保护环境的动机至关重要。因此,EMP 对接触程度较低的再生水回用用途的作用效果最弱[见图 9 - 6(a)及图 9 - 6(b)],却能对接触程度较高的再生水回用用途起到较为良好的作用效果[见图 9 - 6(c)及图 9 - 6(d)]。

KPP 对 RWB_1 的影响效果最好,但对 RWB_4 甚至出现了负向影响。由图 9 - 6(a)可见,KPP 对 RWB_1 的作用效果明显好于其他两类政策。而随着再生水回用用途接触程度的提高,KPP 对 RWB_2 的作用效果开始被 DGP 反超,但仍高于 EMP。但对于接触程度最高的 RWB_3 和 RWB_4,KPP 的作用效果为所有政策中最弱的,对 RWB_4 甚至产生了负向影响效果。这也说明了应用 KPP 时,要更加注意对象,对于一些人体接触程度较高的再生水回用用途,KPP 不但可能起不到预期的效果,甚至会产生反作用,加剧公众对再生水回用的排斥。

二 人体接触程度对政策作用效果的影响

为了探究不同再生水回用的人体接触程度对政策作用效果的影响,更清晰地反映不同政策对何种再生水回用用途具有最好的作用效果,本研究将不同政策对再生水回用接受意愿的影响作用分别作

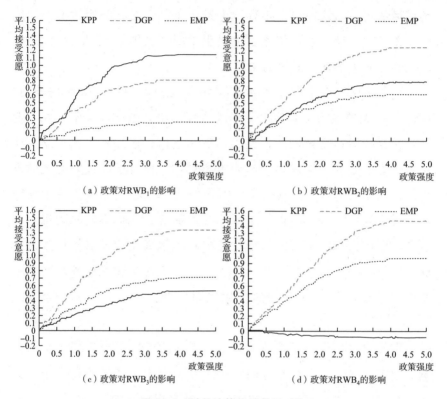

图 9 - 6   引导政策作用效果对比

图（见图 9 - 7）。

DGP 的作用效果与不同再生水回用用途的人体接触程度间没有明显联系。由图 9 - 7（a）可见，DGP 对于 4 种不同人体接触程度的再生水回用用途，除对 RWB_1 影响效果略弱外，对其余 3 种再生水回用行为的引导效果较为接近，并出现影响效果交替领先的现象。同时，通过对比可见，DGP 的总体作用效果较 EMP 和 KPP 更强。由此可见，DGP 对各类型再生水回用行为均具有较为良好的引导效果，同时该作用效果受不同再生水回用用途的人体接触程度的影响较小。

EMP 对不同再生水回用用途的作用效果随人体接触程度的提高而增强。由图 9 - 7（b）可以明显看出，EMP 的作用效果随再生水回用中人体接触程度的上升而提高，这一结论与假设 2 相符。表明当再生水回用中的人体接触程度较高时,应当优先选择 EMP 作为推广政策,强调再生水回用对保护环境的重要意义,激发公众保护环境的动机,引导公众主动参与再生水回用,以减轻自身行为对自然环境的不利影响。

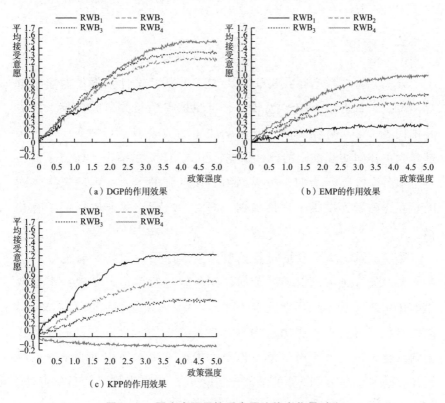

图 9 - 7 再生水回用接受意愿均值变化量对比

KPP 对不同再生水回用用途的作用效果随人体接触程度的提高而减弱。根据图 9 - 7 (c) 可见,KPP 对人体接触程度最低的 RWB$_1$ 具有最好的引导效果。同时,KPP 的作用效果,随着再生水回用中人体接触程度的提高而降低。对接触程度最高的 RWB$_4$,KPP 甚至会产生负向作用。由此可见,当再生水回用中人体接触程度较低时,应优先考虑采用 KPP,提高公众对再生水回用的了解程度,打消其对再生水回用的疑虑。而当再生水回用中人体接触程度较高时，则应谨慎采用 KPP，避免适得其反。

第四节　本章小结

一　结论

第一，将关联型自我构建作为交互准则的设计依据，构建小世界网络。本章借鉴心理学领域关于自我构建的相关研究成果，选取其中代表个体与群体之间相互影响关系的关联型自我构建。率先将其作为主体间交互准则的设计依据，引入 ABM 建模中，构建了关于再生水公众接受行为的小世界网络。该准则的引入，为模拟主体间的相互影响行为提供了理论依据，同时为后续相关研究提供了有益借鉴。

第二，示范引导政策对各类型再生水回用行为均具有良好的引导效果。通过对示范引导政策的作用效果进行模拟，发现该类型政策的作用效果受不同再生水回用行为中人体接触程度的影响较小，同时对各种再生水回用用途均具有良好的作用效果。这也佐证了各地均将建设再生水回用示范工程作为推广再生水回用重要手段的科学性，同时也与 Rozin 等关于"消除公众对再生水排斥的最好办法，就是让公众去使用再生水"的观点相一致[1]。

第三，环保动机激发政策适用于人体接触程度高的再生水回用用途。本研究通过对比环保动机激发政策对不同人体接触程度再生水回用用途的作用效果，发现了环保动机激发政策的作用效果随不同再生水回用用途中人体接触程度的提高而增强的规律。这启示人们，推广难度最大，也是公众使用顾虑最多的高接触程度的再生水回用用途，促使公众选择是否接受该用途的重要原因之一便是其发自内心的保护生态环境的动机。对于此类用途，有效强化参与再生水回用与环境保护之间的联系，激发公众的环保动机或许是最为有效的办法之一。

第四，知识普及政策适用于低人体接触程度的再生水回用用途。本研究通过仿真结果，发现知识普及政策对不同再生水回用行为的引导效果随人体接触程度的提高而减弱的规律。这启示人们，在实施知识普及政策时，要慎重选择使用场景。当推广再生水回用用途为低人体接触程度时，通过普及再生水回用知识能打消公众对再生水回用的顾虑，大大提高其对再生水回用的接受意愿。而对于人体接触程度较高的再生水回用用途，盲目普及相关知识起不到预期效果，甚至会适得其反。

二　建议

第一，在制定再生水回用推广政策时，要考虑不同回用用途间的区别。再生水回用具有特殊性，当将再生水用于不同用途时，这些用途与人体接触程度之间的显著区别，会影响公众对不同类型相关信息的关注程度。与之对应，对不同的再生水回用用途，推广方式也应有所区别。因此，在制定再生水回用推广政策时，应充分考虑再生水回用用途间的区别，选取适合的推广政策，避免政策选取失误导致的再生水回用公众排斥事件发生。

第二，大力建设再生水回用示范工程，营造再生水回用氛围。本研究已证明，示范引导政策对各种再生水回用用途均具有良好的作用效果。通过大力建设再生水回用示范工程，为公众提供更多亲身参与再生水回用的机会。同时，对已有再生水回用设施进行明确标识，进而在全社会营造再生水回用氛围，将有利于降低公众对再生水回用的陌生感，培养公众使用再生水的习惯，提高公众对再生水回用的接受程度。

第三，配合使用环保动机激发政策和知识普及政策。环保动机激发政策和知识普及政策，在适用对象上有着很好的互补性。对于高人体接触程度的再生水回用用途，应当优先采用环保动机激发政策，强调再生水回用对涵蓄水源、保护环境的重要作用。努力营造再生水回用绿色、环保的积极形象，给再生水回用贴上环保标签，激发公众的环境保护动机，让公众觉得使用再生水是一件高尚的事情。而对于人体接触程度较低的再生水回用用途，则应当在回用地点周边设置内容详尽的信息公示牌，同时配合宣传再生水回用相关知识，提高公众对再生水回用的了解程度，形成对再生水回用安全可靠的印象。

第十章

结论、建议与展望

　　本书发掘了公众对再生水回用相关话题的关注热点，从不同政策对再生水回用行为引导效果的微观视角，对环保动机激发政策、示范引导政策以及知识普及政策的作用效果及作用机理展开研究，确定了不同政策的作用效果和作用机理，构建了再生水回用行为引导政策作用效果的仿真模型，模拟了不同类型引导政策的作用效果，为制定引导居民使用再生水、扩大再生水回用推广规模政策，提供了科学依据和有力指导。

第一节　主要研究结论

　　发现了公众对再生水回用的消极内隐态度，验证了公众对再生水回用存在偏见。由于内隐联想测试具备让实验参与人难以隐瞒真实想法的特点，其所测得的内隐态度会更接近公众对再生水回用的真实态度。因而在内隐联想测试的过程中，基线组实验参与人的再生水回用内隐态度会接近其对再生水回用的真实态度。根据实验结论发现实验参与人对再生水回用的内隐态度消极，说明实验参与人对再生水回用存在消极的态度，与前人有关公众对再生水回用存在偏见的研究观点相吻合，进一步验证了公众对再生水回用存在偏见。

发现了公众对再生水回用的外显态度相对于内隐态度而言更积极的现象，并应用这一研究结论解释了当前再生水回用行业推广过程中"叫好不叫座"的现实问题。基于此可合理推测，由于再生水回用带有明显的环保属性，对再生水回用表露出的态度会和一个人的环保意识、奉献意识甚至是道德水平挂钩，因此人们往往会隐藏自己对再生水的真实态度，而给出更符合社会期望的答案。而这或许正是当前再生水回用行业推广过程中面临"叫好不叫座"现实问题的内在成因。

采用互补的实验室实验和田野实验的研究方法，确定了不同再生水回用行为引导政策的作用效果。考虑到实验室实验方法和田野实验方法，在还原真实决策环境和有效去除无关变量实现变量控制方面具有互补性，为更真实有效地获取关于引导政策作用效果的研究结论，本书采用实验室实验和田野实验相结合的方式，重复实验以获取更接近真实政策效果的研究结论。最终证明，环保动机激发政策、示范引导政策及知识普及政策均能对居民的再生水回用行为产生良好的引导作用，其中示范引导政策的作用效果最佳。

提升居民对水环境污染的后果意识和保护水环境的责任意识，是激发公众环保动机的重要手段。考虑到再生水回用行为具备亲环境行为的特点，该部分研究引入适用于解释亲环境行为中利他动机产生机理的 NAM 理论模型。在整理前人关于规范激活模型不同观点的基础上，结合自我完成理论对模型进行改进，并结合再生水回用行业的特点进行适当调整，最终在调研数据的基础上，建立了适用于再生水回用行为的规范激活模型。通过路径系数检验和中介效应检验，发现居民对水环境污染的责任归因程度直接正向影响其水环境保护动机。同时居民对水环境污染的后果意识，能通过影响其对水环境污染的责任归因，进而正向影响其水环境保护动机。从而解释了环保动机的产生机理，清晰描绘出提升环保动机这一抽象概念的具体路径，为环保动机激发政策的具体制定提供科学支撑。

示范引导政策能通过正向影响居民对再生水回用的有用性感知，以及对再生水回用的态度，进而提高居民对再生水回用的接受意愿。在研究示范引导政策的作用机理时，首先考虑到示范引导政策需通过人与人之间的相互影响而实现作用效果的原理，采用关联型自我构建作为代表政策作用原理的抽象变量。并结合其特点，将其引入适用于解释技术接受行为的 TAM 理论模型中，在调研数据的基础上建立适用于解释再生水回用技术接受过程的结构方程模型。通过中介效应检验可发现，居民关联型自我构建的强度能通过正向影响其对再生水回用的有用性感知和对再生水回用的态度，而实现对居民再生水回用行为的引导作用，从而揭示了示范引导政策的作用机理。

通过对再生水回用的知识普及，能提高居民对水务管理部门的信任程度，降低其对再生水回用的风险感知程度，进而实现对居民再生水回用行为的引导作用。通过整理前人有关居民再生水回用行为影响因素的研究结论，借鉴政府管理、风险管理领域的相关观点，本研究提出了有关再生水回用了解程度对再生水回用接受意愿影响的理论模型，并在调研数据的基础上采用 SEM 对模型进行验证。基于模型采取路径系数检验和中介效应检验的方式，发现提升公众对再生水回用的了解程度，能通过提高居民对水务管理部门的信任程度，以及降低居民对再生水回用的风险感知程度，间接正向影响其对再生水回用的接受意愿，从而解释了知识普及政策对居民再生水回用行为引导作用产生的路径。

将再生水回用的影响因素梳理为供给侧因素、需求侧因素、外部环境因素三方面。从城市居民再生水回用行为的影响因素着手，通过开放式访谈，采用扎根理论进行分析，构建了影响再生水回用行为的理论模型，研究表明：供给侧的再生水回用特点，需求侧的潜在用户属性、心理意识和行为能力，以及外部环境的情境因素这 5

个主范畴会直接影响再生水回用行为；供给侧的再生水回用特点、外部环境的情境因素通过影响需求侧的城市居民的心理意识、行为能力间接影响其再生水回用行为。因此，在促进城市居民再生水回用行为时可以多角度考虑，不仅从再生水回用的基础设施建设等情境因素或再生水的品质等供给侧因素着手，也应考虑作为潜在消费者的城市居民的心理因素及行为能力等需求侧因素，从而提升其对再生水回用的接受程度，促进再生水回用的推广及利用。

模拟了不同类型的引导政策对不同人体接触程度的再生水回用用途的影响效果。将再生水回用行为引导政策作为研究对象，选取衡量个体与群体之间相互影响关系的关联型自我构建，作为不同个体交互准则的设计依据，构建小世界网络。在西北干旱缺水地区开展调研，获取数据。在此基础上，引入主体建模，对不同再生水回用行为引导政策的作用效果进行模拟。验证了示范引导政策对各种再生水回用用途均具有良好的作用效果，同时发现，环保动机激发政策和知识普及政策的作用效果，会分别随着不同再生水回用用途人体接触程度的提高而增强和减弱。

第二节　对策建议

在研究的基础上，本书为有效引导居民参与再生水回用提出以下有针对性的建议。

第一，加强环境教育，激发城市居民保护水环境的动机。环保动机激发刺激对居民再生水回用行为的引导效果，在书中已得到证实。环保动机的产生机理在第五章的研究中被细化为，对人类活动造成水环境污染的责任归因，以及对水环境污染的后果意识。根据本研究结论，可以得出通过加强环境教育，提高居民对人类活动造成水资源紧缺和水环境污染的责任意识和后果意识，是引导居民自发开展再生水回用行为的有效手段。

第二，大力建设再生水回用试点工程，吸引更多城市居民参与再生水回用。示范引导政策在本研究中已被证实为3类行为引导政策中作用效果最明显的一种。建设再生水回用试点工程，邀请更多的居民切身参与到再生水回用中，无疑能起到最好的示范引导效果。

第三，公开当前众多使用再生水作为水源的项目信息，邀请公众参观。相对于新建示范项目，公布和开放现有已建成或已开始使用再生水的项目无疑成本更低。而这些再生水回用设施或许就悄无声息地"藏"在我们的身边，或许是路边一个不起眼的消防栓，或许是广场上的一个小喷泉，又或许是潺潺流过的护城河水。这些无疑是最好的回用效果示范场所，亦是最好的再生水回用宣传教育基地。

第四，开展形式多样的关于再生水回用行为的宣传活动，在全社会营造使用再生水的氛围。相对于建设再生水回用试点工程，通过宣传手段营造再生水使用氛围无疑实施难度更低。笔者认为，在宣传再生水回用行为时，可采取在高校开展环保创意广告大赛、创作以再生水回用为主题的动画片、邀请娱乐明星代言甚至让偶像人物公开喝再生水等人们喜闻乐见且容易博得眼球的宣传形式，在全社会营造再生水使用的氛围。

第五，加强对再生水回用相关知识的普及，提高公众对再生水回用的了解程度。在当前这个信息爆炸，流量即金钱的时代，要让关于再生水回用的信息获得人们的关注，并不是一件易事。与此同时，根据有关再生水回用存在偏见的研究结论告诉我们，对于已形成固定认识的成年人而言，要改变其对再生水的刻板印象十分困难。故笔者认为，为了提高市民对再生水回用相关知识的了解程度，应当考虑将关于再生水回用的相关知识纳入学前教育，在孩子们对再生水回用的偏见尚未形成时，通过正确的教育，引导其对再生水回用产生科学的认识。

第六，对再生水生产使用过程和再生水水质信息实行实时公开。借鉴已在文中被证实的风险管理和政府管理领域的观点，通过信息公开，让市民有更多机会了解再生水的生产运营及水质，能有效降低其对再生水回用的风险感知程度；同时，这也能有效提高政府运行透明度，提高市民对水务管理部门的信任程度。而以上两点又分别能直接和间接影响市民对再生水回用的接受意愿。故而笔者认为，实行再生水生产、使用过程和水质信息的实时公开亦会是引导市民参与再生水回用的有效办法之一。

第三节　不足及展望

由于笔者研究水平和研究条件的局限，本书在研究范围、研究深度和研究设计方面还存在一定不足，而这些不足正是今后相关研究可以继续补充和拓展的方向之一。

首先，本书以促进再生水回用推广为目的，以调研过程中所发现的现实问题为出发点，归纳了3类行为引导政策。然而，能对居民再生水回用行为产生引导效果的政策或许并不仅于此，本研究框架之外的诸如法律、经济等层面的引导政策在本研究中并未涉及。因此，后续研究应紧密联系生产、生活实际，更全面深入地对引导居民再生水回用行为的手段进行研究探索。

其次，在本研究中，无论实验还是调研方法，均未能实现对实验（调研）参与人员的深入跟踪，而是采用居民对再生水回用的接受"意愿"来代替实际的接受"行为"。尽管采用意愿代替行为开展研究的方案被众多学者所采用，但意愿是否会转化为行动毕竟还会受到众多因素的影响[156]。后续研究中应采取对参与人员进行持续跟踪的方式，获取居民再生水回用实际接受行为的数据。

参考文献

［1］ Rozin, P. , Haddad, B. , Nemeroff, C. , "Psychological Aspects of the Rejection of Recycled Water: Contamination, Purification and Disgust", *Judgment and Decision Making*10（1）, 2015, pp. 50 – 63.

［2］ Wang, Z. , Shao, D. , Westerhoff, P. "Wastewater Discharge Impact on Drinking Water Sources along the Yangtze River（China）", *Science of the Total Environment* 599, 2017, pp. 1399 – 1407.

［3］ Ricart, S. , Rico, A. M. , "Assessing Technical and Social Driving Factors of Water Reuse in Agriculture: A Review on Risks, Regulation and the Yuck Factor", *Agricultural Water Management* 217, 2019, pp. 426 – 439.

［4］ Zhang, S. , Yao, H. , Lu, Y. , "Reclaimed Water Irrigation Effect on Agricultural Soil and Maize in Northern China", *Clean-Soil Air Water* 46, 2018, p. 18000374.

［5］ 刘晓君、杨兴、付汉良：《再生水研究的发展态势与研究热点分析——基于 CiteSpace 的图谱量化研究》，《干旱区资源与环境》2019 年第 4 期。

［6］ Furlong, C. , Jegatheesan, J. , Currell, M. , "Is the Global Public Willing to Drink Recycled Water? A Review for Researchers and Practitioners", *Utilities Policy* 56, 2019, pp. 53 – 61.

[7] 邓铭江:《中国西北"水三线"空间格局与水资源配置方略》,《地理学报》2018 年第 7 期。

[8] Price, J., Fielding, K., Leviston, Z., "Supporters and Opponents of Potable Recycled Water: Culture and Cognition in the Toowoomba Referendum", *Society & Natural Resources* 25 (10), 2012, pp. 980 – 995.

[9] Chen, Z., Ngo, H. H., Guo, W., "A Critical Review on the End Uses of Recycled Water", *Critical Reviewsin Environmental Scienceand Technology* 43 (14), 2013, pp. 1446 – 1516.

[10] Adapa, S., "Factors Influencing Consumption and Anti-consumption of Recycled Water: Evidence from Australia", *Journal of Cleaner Production* 201, 2018, pp. 624 – 635.

[11] Dolnicar, S., Hurlimann, A., Gruen, B., "What Affects Public Acceptance of Recycled and Desalinated Water?", *Water Research* 45 (2), 2011, pp. 933 – 943.

[12] Dolnicar, S., Hurlimann, A., Nghiem, L. D., "The Effect of Information on Public Acceptance—The Case of Water from Alternative Sources", *Journal of Environmental Management* 91 (6), 2010, pp. 1288 – 1293.

[13] 张炜铃、陈卫平、焦文涛:《北京市再生水相关政策的评估与研究》,《环境科学学报》2013 年第 10 期。

[14] 付汉良、刘晓君:《再生水回用公众心理感染现象的验证及影响策略》,《资源科学》2018 年第 6 期。

[15] 罗俊、汪丁丁、叶航、陈叶烽:《走向真实世界的实验经济学——田野实验研究综述》,《经济学(季刊)》2015 年第

3 期。

[16] Zhang, B. , Fu, H. , "Effect of Guiding Policy on Urban Residents' Behavior to Use Recycled Water", *Desalination and Water Treatment* 114, 2018, pp. 93 – 100.

[17] Fu, H. , Liu, X. , "A Study on the Impact of Environmental Education on Individuals' Behaviors Concerning Recycled Water Reuse", *Eurasia Journal of Mathematics Science and Technology Education* 13 (10), 2017, pp. 6715 – 6724.

[18] Liu, X. , He, Y. , Fu, H. , "How Environmental Protection Motivation Influences on Residents' Recycled Water Reuse Behaviors: A Case Study in Xi'an City", *Water* 10, 2018, p. 12829.

[19] Liu, K. , Fu, H. , Chen, H. , "Research on the Influencing Mechanism of Traditional Cultural Values on Citizens' Behavior Regarding the Reuse of Recycled Water", *Sustainability* 10, 2018, p. 1651.

[20] Greenwald, A. G. , McGhee, D. E. , Schwartz, J. , "Measuring Individual Differences in Implicit Cognition: The Implicit Association Test", *Journal of Personality and Social Psychology* 74 (6), 1998, pp. 1464 – 1480.

[21] De Houwer, J. , "A Structural and Process Analysis of the Implicit Association Test", *Journal of Experimental Social Psychology* 37 (6), 2001, pp. 443 – 451.

[22] Stephenson, M. T. , Holbert, R. L. , "A Monte Carlo Simulation of Observable Versus Latent Variable Structural Equation Modeling Techniques", *Communication Research* 30 (3), 2003, pp. 332 – 354.

[23] Sanchez-Oliva, D. , Morin, A. J. S. , Teixeira, P. J. , "A Bifactor Exploratory Structural Equation Modeling Representation of

the Structure of the Basic Psychological Needs at Work Scale", *Journal of Vocational Behavior* 98, 2017, pp. 173 – 187.

[24] Guckel, D., Schmidt, A., Gutleben, K. J., "Multivariate Analysis of Risk Factors for Recurrence in Patients Undergoing Second Generation Cryoballoon Ablation Due to Persistent Atrial Fibrillation: Do Vagal Reactions Play a Predictive Role?", *European Heart Journal* 391, 2018, pp. 202 – 203.

[25] Shi, H., Wang, S., Guo, S., "Predicting the Impacts of Psychological Factors and Policy Factors on Individual's PM2. 5 Reduction Behavior: An Empirical Study in China", *Journal of Cleaner Production* 241, 2019, p. 118416.

[26] Guagnano, G. A., "Altruism and Market-like Behavior: An Analysis of Willingness to Pay for Recycled Paper Products", *Population and Environment* 22 (4), 2001, pp. 425 – 438.

[27] Pinto, D. C., Herter, M. M., Herter, M. M., "Recycling Cooperation and Buying Status Effects of Pure and Competitive Altruism on Sustainable Behaviors", *European Journal of Marketing* 53 (5), 2019, pp. 944 – 971.

[28] Corbett, J. B., "Altruism, Self-interest, and the Reasonable Person Model of Environmentally Responsible Behavior", *Science Communication* 26 (4), 2005, pp. 368 – 389.

[29] Lee, T. H., Jan, F., Yang, C., "Conceptualizing and Measuring Environmentally Responsible Behaviors from the Perspective of Community-based Tourists", *Tourism Management* 36, 2013, pp. 454 – 468.

[30] Steg, L., Bolderdijk, J. W., Keizer, K., "An Integrated Framework for Encouraging Pro-environmental Behaviour: The Role

of Values, Situational Factors and Goals", *Journal of Environmental Psychology* 38, 2014, pp. 104 – 115.

[31] Piche, D., "World Development Report 2015: Mind, Society, and Behavior", *Canadian Journal of Development Studies-Revue Canadienne D Etudes Du Development* 36 (4), 2015, pp. 575 – 578.

[32] 李平、曾勇:《资本市场羊群行为综述》,《系统工程学报》2006 年第 2 期。

[33] 周勇、张力:《应激情景下数字化系统操纵员认知行为失误分析》,《人类工效学》2011 年第 2 期。

[34] Kahneman, D., "Maps of Bounded Rationality: Psychology for Behavioral Economics", *American Economic Review* 93 (5), 2003, pp. 1449 – 1475.

[35] 张炜铃、陈卫平、焦文涛:《北京市再生水的公众认知度评估》,《环境科学》2012 年第 12 期。

[36] Chen, W., Bai, Y. Y., Zhang, W. L., "Perceptions of Different Stakeholders on Reclaimed Water Reuse: The Case of Beijing, China", *Sustainability* 7 (7), 2015, pp. 9696 – 9710.

[37] Geipel, J., Hadjichristidis, C., Klesse, A., "Barriers to Sustainable Consumption Attenuated by Foreign Language Use", *Nature Sustainability* 1 (1), 2018, pp. 31 – 33.

[38] Gu, Q., Chen, Y., Pody, R., "Public Perception and Acceptability toward Reclaimed Water in Tianjin", *Resources Conservation and Recycling*104 (A), 2015, pp. 291 – 299.

[39] Buyukkamaci, N., Alkan, H. S., "Public Acceptance Potential for Reuse Applications in Turkey", *Resources Conservationand Recycling* 80, 2013, pp. 32 – 35.

[40] Jeffrey, P., Jefferson, B., "Public Receptivity Regarding "in-

house" Water Recycling: Results from a UK Survey", *Water Science-and Technology: Water Supply* 3 (3). 2003, pp. 109 – 116.

[41] Chen, Z., Ngo, H. H., Guo, W., "Analysis of Social Attitude to the New End Use of Recycled Water for Household Laundry in Australia by the Regression Models", *Journal of Environmental Management* 126, 2013, pp. 79 – 84.

[42] Velasquez, D., Yanful, E. K., "Water Reuse Perceptions of Students, Faculty and Staff at Western University, Canada", *Journal of Water Reuse and Desalination* 5 (3), 2015, pp. 344 – 359.

[43] Aitken, V., Bell, S., Hills, S., "Public Acceptability of Indirect Potable Water Reuse in the South-east of England", *Water Science and Technology-Water Supply* 14 (5), 2014, pp. 875 – 885.

[44] Dolnicar, S., Hurlimann, A., Gruen, B., "Branding Water", *Water Research* 57, 2014, pp. 325 – 338.

[45] Thi, T. N. P., Ngo, H. H., Guo, W. S., "Responses of Community to the Possible Use of Recycled Water for Washing Machines: A Case Study in Sydney, Australia", *Resources Conservation and Recycling* 55 (5), 2011, pp. 535 – 540.

[46] West, C., Kenway, S., Hassall, M., "Why Do Residential Recycled Water Schemes Fail? A Comprehensive Review of Risk Factors and Impact on Objectives", *Water Research* 102, 2016, pp. 271 – 281.

[47] Baghapour, M. A., Shooshtarian M. R., Djahed, B., "A Survey of Attitudes and Acceptance of Wastewater Reuse in Iran: Shiraz City as a Case Study", *Journal of Water Reuseand Desalination* 7 (4), 2017, pp. 511 – 519.

[48] Hurlimann, A., Dolnicar, S., "Public Acceptance and Percep-

tions of Alternative Water Sources: A Comparative Study in Nine Locations", *International Journal of Water Resources Development* 32 (4SI), 2016, pp. 650 – 673.

[49] Ching, L., "A Quantitative Investigation of Narratives: Recycled Drinking Water", *Water Policy* 17 (5), 2015, pp. 831 – 847.

[50] Duong, K., Saphores, J. M., "Obstacles to Wastewater Reuse: An Overview", *Wiley Interdisciplinary Reviews-Water* 2 (3), 2015, pp. 199 – 214.

[51] Wester, J., Timpano, K. R., Cek, D., "Psychological and Social Factors Associated with Wastewater Reuse Emotional Discomfort", *Journal of Environmental Psychology* 42, 2015, pp. 16 – 23.

[52] Fielding, K. S., Gardner, J., Leviston, Z., "Comparing Public Perceptions of Alternative Water Sources for Potable Use: The Case of Rainwater, Storm Water, Desalinated Water, and Recycled Water", *Water Resources Management* 29 (12), 2015, pp. 4501 – 4518.

[53] Bennett, J., McNair, B., Cheesman, J., "Community Preferences for Recycled Water in Sydney", *Australasian Journal of Environmental Management* 23 (1), 2016, pp. 51 – 66.

[54] Russell, S., Lux, C., "Getting over Yuck: Moving from Psychological to Cultural and Sociotechnical Analyses of Responses to Water Recycling", *Water Policy* 11 (1), 2009, pp. 21 – 35.

[55] Callaghan, P., Moloney, G., Blair, D., "Contagion in the Representational Field of Water Recycling: Informing New Environment Practice through Social Representation Theory", *Journal of Community & Applied Social Psychology* 22 (1), 2012, pp. 20 – 37.

[56] Miller, G. W., "Integrated Concepts in Water Reuse: Managing

Global Water Needs", *Desalination* 187 (1 – 3), 2006, pp. 65 – 75.

[57] Wester, J., Timpano, K. R., Cek, D., "The Psychology of Recycled Water: Factors Predicting Disgust and Willingness to Use", *Water Resources Research* 52 (4), 2016, pp. 3212 – 3226.

[58] Hui, I., Cain, B. E., "Overcoming Psychological Resistance toward Using Recycled Water in California", *Water and Environment Journal* 32 (1), 2018, pp. 17 – 25.

[59] Dolnicar, S., Hurlimann, A., "Drinking Water from Alternative Water Sources: Differences in Beliefs, Social Norms and Factors of Perceived Behavioural Control across Eight Australian Locations", *Water Scienceand Technology* 60 (6), 2009, pp. 1433 – 1444.

[60] Garcia-Cuerva, L., Berglund, E. Z., Binder, A. R., "Public Perceptions of Water Shortages, Conservation Behaviors, and Support for Water Reuse in the US", *Resources Conservationand Recycling* 113, 2016, pp. 106 – 115.

[61] Po, M., Nancarrow, E., "Predicting Community Behaviour in Relation to Wastewater Reuse: What Drives Decisions to Accept or Reject?", *CSIRO Water for a Healthy Country Flagship Report*, 2005, pp. 1 – 128.

[62] Marks, J., Martin, B., Zadoroznyj, M., "Acceptance of Water Recycling in Australia: National Baseline Data", *Journal of Sociology* 44 (1), 2008, pp. 83 – 99.

[63] Fielding, K. S., Dolnicar, S., Schultz, T., "Public Acceptance of Recycled Water", *International Journal of Water Resources Development* 35 (4), 2019, pp. 551 – 586.

[64] Finucane, M. L., Slovic, P., Mertz, C. K., "Gender, Race,

and Perceived Risk: The 'White Male' Effect", *Health Risk & Society* 2 (2), 2000, pp. 159 – 172.

[65] 王嘉怡、李榜晏、付汉良、吴晓萍:《节水型园林建设中市民社会行为特征及影响因素研究——以西安市为例》,《水土保持通报》2017 年第 4 期。

[66] Inbar, Y., Pizarro, D., Iyer, R., "Disgust Sensitivity, Political Conservatism, and Voting", *Social Psychological and Personality Science* 3 (5), 2012, pp. 537 – 544.

[67] Dunlap, R. E., Xiao, C., Mccright, A. M., "Politics and Environment in America: Partisan and Ideological Cleavages in Public Support for Environmentalism", *Environmental Politics* 10 (4), 2001, pp. 23 – 48.

[68] Bixio, D., Thoeye, C., Wintgens, T., "Water Reclamation and Reuse: Implementation and Management Issues", *Desalination* 218 (1 – 3), 2008, pp. 13 – 23.

[69] 王建明、王俊豪:《公众低碳消费模式的影响因素模型与政府管制政策——基于扎根理论的一个探索性研究》,《管理世界》2011 年第 4 期。

[70] 杨智邢、雪娜:《可持续消费行为影响因素质化研究》,《经济管理》2009 年第 6 期。

[71] Macleod, C. M., "Half a Century of Research on the Stroop Effect—An Integrative Review", *Psychological Bulletin* 109 (2), 1991, pp. 163 – 203.

[72] Draine, S. C., Greenwald, A. G., "Replicable Unconscious Semantic Priming", *Journal of Experimental Psychology—General* 127 (3), 1998, pp. 286 – 303.

[73] 蔡华俭:《Greenwald 提出的内隐联想测验介绍》,《心理科学

进展》2003 年第 3 期。

[74] 杨紫嫣、刘云芝、余震坤、蔡华俭:《内隐联系测验的应用:国内外研究现状》,《心理科学进展》2015 年第 11 期。

[75] Ratliff, K. A., Swinkels, B. A. P., Klerx, K., "Does One Bad Apple (Juice) Spoil the Bunch? Implicit Attitudes toward one Product Transfer to other Products by the Same Brand", *Psychology& Marketing* 29 (8), 2012, pp. 531 – 540.

[76] Dempsey, M. A., Mitchell, A. A., "The Influence of Implicit Attitudes on Choice when Consumers are Confronted with Conflicting Attribute Information", *Journal of Consumer Research* 37 (4), 2010, pp. 614 – 625.

[77] Ratliff, K. A., Howell, J. L., "Implicit Prototypes Predict Risky Sun Behavior", *Health Psychology* 34 (3), 2015, pp. 231 – 242.

[78] Friese, M., Smith, C. T., Plischke, T., "Do Implicit Attitudes Predict Actual Voting Behavior Particularly for Undecided Voters?", *Plos One* 7 (8), 2012, p. e441308.

[79] Karpinski, A., Steinman, R. B., "The Single Category Implicit Association Test as a Measure of Implicit Social Cognition", *Journal of Personality and Social Psychology* 91 (1), 2006, pp. 16 – 32.

[80] Lueke, T., Grosche, M., "Implicitly Measuring Attitudes towards Inclusive Education: A New Attitude Test based on Single-target Implicit Associations", *European Journal of Special Needs Education* 33 (3), 2018, pp. 427 – 436.

[81] 杨福义、梁宁建、陈进:《内隐自尊的特性:来自 EAST 的证据》,《心理科学》2013 年第 6 期。

[82] Nosek, B. A., Banaji, M. R., "The Go/No-go Association Task", *Social Cognition* 19 (6), 2001, pp. 625 – 666.

［83］温芳芳、佐斌:《评价单一态度对象的内隐社会认知测验方法》,《心理科学进展》2007 年第 5 期。

［84］Carpenter, J., Liati, A., Vickery, B., "They Come to Play Supply Effects in an Economic Experiment", *Rationality and Society* 22 (1), 2010, pp. 83 – 102.

［85］Harrison, G. W., List, J. A., "Field Experiments", *Journal of Economic Literature* 42 (4), 2004, pp. 1009 – 1055.

［86］Berger, T., Birner, R., Diaz, J., "Capturing the Complexity of Water Uses and Water Users within a Multi-agent Framework", *Water Resources Management* 21 (1), 2007, pp. 129 – 148.

［87］Wang, H., Zhang, J., Zeng, W., "Intelligent Simulation of Aquatic Environment Economic Policy Coupled ABM and SD Models", *Science of the Total Environment* 618, 2018, pp. 1160 – 1172.

［88］Liang, H., Lin, K., Zhang, S., "Understanding the Social Contagion Effect of Safety Violations within a Construction Crew: A Hybrid Approach Using System Dynamics and Agent-based Modeling", *International Journal of Environmental Research and Public Health* 15, 2018, p. 269612.

［89］Schwartz, S. H., Howard, J. A., *A Normative Decision-making Model of Altruism. Altruism and Helping Behavior* (Hillsdale, NJ, US: Erlbaum, 1981), pp. 189 – 211.

［90］Song, Y., Zhao, C., Zhang, M., "Does Haze Pollution Promote the Consumption of Energy-saving Appliances in China? An Empirical Study based on Norm Activation Model", *Resources Conservation and Recycling* 145, 2019, pp. 220 – 229.

［91］Steg, L., de Groot, J., "Explaining Prosocial Intentions: Testing Causal Relationships in the Norm Activation Model", *British*

Journal of Social Psychology 49 (4), 2010, pp. 725 - 743.

[92] Osterhuis, T. L. , "Pro-social Consumer Influence Strategies: When and How do They Work?", *Journal of Marketing* 61 (4), 1997, pp. 16 - 29.

[93] Davis, F. D. , "Perceived Usefulness, Perceived Ease of Use, and User Acceptance of Information Technology", *MIS Quarterly* 13 (3), 1989, pp. 319 - 340.

[94] Hu, P. J. , Chau, P. Y. K. , Sheng, O. R. L. , "Examining the Technology Acceptance Model Using Physician Acceptance of Telemedicine Technology", *Journal of Management Information Systems* 16 (2), 1999, pp. 91 - 112.

[95] Hong, W. , Thong, J. Y. L. , Wong, W. M. , "Determinants of User Acceptance of Digital Libraries: An Empirical Examination of Individual Differences and System Characteristics", *Journal of Management Information Systems* 18 (3), 2001, pp. 97 - 124.

[96] Liaw, S. S. , Huang, H. M. , "An Investigation of User Attitudes toward Search Engines as an Information Retrieval Tool", *Computersin Human Behavior* 19 (6), 2003, pp. 751 - 765.

[97] Lu, U. , Yu, C. S. , Liu, C. , "Technology Acceptance Model for Wireless Internet", *Internet Research* 13 (3), 2003, pp. 206 - 222.

[98] Serenko, A. , "A Model of User Adoption of Interface Agents for Email Notification", *Interacting with Computers* 20 (4 - 5), 2008, pp. 461 - 472.

[99] Melas, C. D. , Zampetakis, L. A. , Dimopoulou, A. , "Modeling the Acceptance of Clinical Information Systems among Hospital Medical staff: An Extended TAM Model", *Journal of Biomedical Information* 44 (4), 2011, pp. 553 - 564.

［100］王月辉、王青:《北京居民新能源汽车购买意向影响因素——基于 TAM 和 TPB 整合模型的研究》，第十五届中国管理科学学术年会论文集，2013。

［101］Hu, M. L. M., Horng, J. S., Teng, C. C., "Fueling Green Dining Intention: The Self-completion Theory Perspective", *Asia Pacific Journal of Tourism Research* 19 (7), 2014, pp. 793 – 808.

［102］Jordan, J., Mullen, E., Murnighan, J. K., "Striving for the Moral Self: The Effects of Recalling Past Moral Actions on Future Moral Behavior", *Personality and Social Psychology Bulletin* 37 (5), 2011, pp. 701 – 713.

［103］Little, T. D., "Mean and Covariance Structures (MACS) Analyses of Cross-cultural Data: Practical and Theoretical Issues", *Multivariate Behavioral Research* 32 (1), 1997, pp. 53 – 76.

［104］Vlek, C., Steg, L., "Human Behavior and Environmental Sustainability: Problems, Driving Forces, and Research Topics", *Journal of Social Issues* 63 (1), 2007, pp. 1 – 19.

［105］Dolnicar, S., Leisch, F., "An Investigation of Tourists' Patterns of Obligation to Protect the Environment", *Journal of Travel Research* 46 (4), 2008, pp. 381 – 391.

［106］劳可夫、王露露:《中国传统文化价值观对环保行为的影响——基于消费者绿色产品购买行为》，《上海财经大学学报》2015 年第 2 期。

［107］Gore, J. S., Cross, S. E., "Conflicts of Interest: Relational Self-construal and Decision Making in Interpersonal Contexts", *Self and Identity* 10, 2011, pp. 185 – 202.

［108］Aaker, J., Schmitt, B., "Culture-dependent Assimilation and Differentiation of the Self-Preferences for Consumption Symbols in the United States and China", *Journal of Cross-Cultural Psychology* 32 (5), 2001, pp. 561 – 576.

[109] Siegrist, M., Cvetkovich, G., Roth, C., "Salient Value Similarity, Social Trust, and Risk/Benefit Perception", *Risk Analysis* 20 (3), 2000, pp. 353 – 362.

[110] Fischhoff, B., Slovic, P., Lichtenstein, S., "How Safe is Safe Enough—Psychometric Study of Attitudeis towards Technological Risks and Benefits", *Policy Sciences* 9 (2), 1978, pp. 127 – 152.

[111] Otway, H. J., Vonwinterfeldt, D., "Beyond Acceptable Risk—On the Social Acceptability of Technologies", *Policy Sciences* 14 (3), 1982, pp. 247 – 256.

[112] Raab, C. D., "Transparency: The key to Better Governance?", *Public Administration* 86 (2), 2008, pp. 591 – 618.

[113] 于文轩:《政府透明度与政治信任: 基于 2011 中国城市服务型政府调查的分析》,《中国行政管理》2013 年第 2 期。

[114] Fu, H., Liu, X., "Research on the Phenomenon of Chinese Residents' Spiritual Contagion for the Reuse of Recycled Water Based on SC-IAT", *Water* 9, 2017, p. 84611.

[115] Cialdini, R. B., Reno, R. R., Kallgren, C. A., "A Focus Theory of Normative Conduct: Recycling the Concept of Norms to Reduce Littering in Public Place." *Journal of Personality and Social Psychology* 58 (6), 1990, pp. 1015 – 1026.

[116] Nosek, B. A., Greenwald, A. G., Banaji, M. R., "Understanding and Using the Implicit Association Test: II. Method Variables and Construct Validity", *Personality and Social Psychology Bulletin* 31 (2), 2005, pp. 166 – 180.

[117] Greenwald, A. G., Nosek, B. A., Banaji, M. R., "Under-

standing and Using the Implicit Association Test: I. An Improved Scoring Algorithm", *Journal of Personality and Social Psychology* 85 (2), 2003, pp. 197 – 216.

[118] Liu, M., Wang, Y., "Data Collection Mode Effect on Feeling Thermometer Questions: A Comparison of Face-to-Face and Web Surveys", *Computers in Human Behavior* 48, 2015, pp. 212 – 218.

[119] Auger, P., Devinney, T. M., "Do What Consumers Say Matter? The Misalignment of Preferences with Unconstrained Ethical Intentions", *Journal of Business Ethics* 76 (4), 2007, pp. 361 – 383.

[120] Fornell, C., Larcker, D. F., "Evaluating Structural Equation Models with Unobservable Variables and Measurement Error", *Journal of Marketing Research* 18 (1), 1981, pp. 39 – 50.

[121] Hair, J., Andersoh, R., Tanham, R. L., *Multivariate Data Analysis (Eth Ed.)* (Upper Saddle River, NJ, VS: Prentice Hall, 1998), pp. 667 – 679.

[122] Jackson, D. L., Gillaspy, J. A., Purc-Stephenson, R., "Reporting Practices in Confirmatory Factor Analysis: An Overview and Some Recommendations", *Psychological Methods* 14 (1), 2009, pp. 6 – 23.

[123] Cheung, G. W., Rensvold, R. B., "Testing Factorial Invariance Across Groups: A Reconceptualization and Proposed New Method", *Journal of Management* 25 (1), 1999, pp. 1 – 27.

[124] Han, H., "Travelers' Pro-environmental Behavior in a Green Lodging Context: Converging Value-Belief-Norm Theory and the Theory of Planned Behavior", *Tourism Management* 47, 2015, pp. 164 – 177.

[125] Van Riper, C. J., Kyle, G. T., "Understanding the Internal

Processes of Behavioral Engagement in a National Park: A Latent Variable Path Analysis of the Value-Belief-Norm Theory", *Journal of Environmental Psychology* 38, 2014, pp. 288 – 297.

[126] Onwezen, M. C., Antonides, G., Bartels, J., "The Norm Activation Model: An Exploration of the Functions of Anticipated Pride and Guilt in Pro-environmental Behaviour", *Journal of Economic Psychology* 39, 2013, pp. 141 – 153.

[127] Tonglet, M., Phillips, P. S., Read, A. D., "Using the Theory of Planned Behaviour to Investigate the Determinants of Recycling Behaviour: A Case Study from Brixworth, UK", *Resources Conservation and Recycling* 41 (3), 2004, pp. 191 – 214.

[128] Gustafsson, J. E., Martenson, R., "Structural Equation Modeling with AMOS: Basic Concepts, Applications, and Programming", *Contemporary Psychology—APA Review of Books* 47 (4), 2002, pp. 478 – 480.

[129] 温忠麟、叶宝娟:《中介效应分析:方法和模型发展》,《心理科学进展》2014 年第 5 期。

[130] Baron, R. M., Kenny, D. A., "The Moderator Mediat or Variable Distinction in Social Psychological-Research-Conceptual, Strategic, and Statistical Considerations", *Journal of Personality and Social Psychology* 51 (6), 1986, pp. 1173 – 1182.

[131] Zhao, X., Lynch, J. G., Chen, Q., "Reconsidering Baron and Kenny: Myths and Truths about Mediation Analysis", *Journal of Consumer Research* 37 (2), 2010, pp. 197 – 206.

[132] Fritz, M. S., MacKinnon, D. P., "Required Sample Size to Detect the Mediated Effect", *Psychological Science* 18 (3), 2007, pp. 233 – 239.

［133］Sobel, M. E., Bohrnstedt, G. W., "Use of Null Models in Evaluating the Fit of Covariance Structure Models", *Sociological Methodology*, 1985, pp. 152 – 178.

［134］Stone, C. A., Sobel, M. E., "The Robustness of Estimates of Total Indirect Effects in Covariance Structure Models Estimated by Maximum-likelihood", *Psychometrika* 55 (2), 1990, pp. 337 – 352.

［135］Cheung, G. W., Lau, R. S., "Testing Mediation and Suppression Effects of Latent Variables-Bootstrapping with Structural Equation Models", *Organizational Research Methods* 11 (2), 2008, pp. 296 – 325.

［136］Hayes, A. F., "Beyond Baron and Kenny: Statistical Mediation Analysis in the New Millennium", *Communication Monographs* 76, 2009, pp. 408 – 420.

［137］朱丽叶、卢泰宏:《消费者自我建构研究述评》,《外国经济与管理》2008 年第 2 期。

［138］Osgood, C. E., Luria, Z., "A Blind Analysis of a Case of Multiple Person ality Using the Semantic Differential", *Journal of Abnormal and Social Psychology* 49 (4), 1954, pp. 579 – 591.

［139］Han, H., Hsu, L. J., Sheu, C., "Application of the Theory of Planned Behavior to Green Hotel Choice: Testing the Effect of Environmental Friendly Activities", *Tourism Management* 31 (3), 2010, pp. 325 – 334.

［140］Taylor, S., Todd, P. A., "Understanding Information Technology Usage—A Test of Competing Models", *Information Systems Research* 6 (2), 1995, pp. 144 – 176.

［141］周玲强、李秋成、朱琳:《行为效能、人地情感与旅游者环境负责行为意愿:一个基于计划行为理论的改进模型》,《浙江

大学学报》（人文社会科学版）2014 年第 2 期。

[142] Ajzen, I. , "The Theory of Planned Behavior", *Organizational Behavior and Human Decision Processes* 50 (2), 1991, pp. 179 – 211.

[143] Lam, T. , Hsu, C. H. C. , "Predicting Behavioral Intention of Choosing a Travel Destination", *Tourism Management* 27 (4), 2006, pp. 589 – 599.

[144] George, J. F. , "The Theory of Planned Behavior and Internet Purchasing", *Internet Research-Electronic Networking Applications and Policy* 14 (3), 2004, pp. 198 – 212.

[145] Ross, V. L. , Fielding, K. S. , Louis, W. R. , "Social Trust, Tisk Perceptions and Public Acceptance of Recycled Water: Testing a Social-psychological Model", *Journal of Environmental Management* 137, 2014, pp. 61 – 68.

[146] Bentler, P. M. , Bonett, D. G. , "Significance Tests and Goodness of Fit in the Analysis of Covariance-structures", *Psychological Bulletin* 88 (3), 1980, pp. 588 – 606.

[147] Cheung, G. W. , Rensvold, R. B. , "Evaluating Goodness-of-Fit Indexes for Testing Measurement Invariance", *Structural Equation Modeling—A Multidisciplinary Journal* 9 (2), 2002, pp. 233 – 255.

[148] Higgins, J. , Warnken, J. , Sherman, P. P. , "Survey of Users and Providers of Recycled Water: Quality Concerns and Directions for Applied Research", *Water Research* 36, 2002, pp. 5045 – 5056.

[149] Mankad, A. , Tapsuwan, S. , "Review of Socio-economic Drivers of Community Acceptance and Adoption of Decentralised Water Systems", *Journal of Environmental Management*, 92 (3), 2011, pp. 380 – 391.

[150] Robinson, K. G., Robinson, C. H., Raup, L. A., "Public Attitudes and Risk Perception toward Land Application of Biosolids within the South-eastern United States", *Journal of Environmental Management* 98, 2012, pp. 29 – 36.

[151] Marks, J. S., Zadoroznyj, M., "Managing Sustainable Urban Water Reuse: Structural Context and Cultures of Trust", *Society& Natural Resources* 18 (6), 2005, pp. 557 – 572.

[152] Hurlimann, A., Hemphill, E., Mckay, J., "Establishing Components of Community Satisfaction with Recycled Water Use through a Structural Equation Model", *Journal of Environmental Management* 88 (4), 2008, pp. 1221 – 1232.

[153] Baumann, D. D., Kasperso, R. E., "Public Acceptance of Renovated Waste-Water-Myth and Reality", *Water Resources Research* 10 (4), 1974, pp. 667 – 674.

[154] Fu, H., Manogaran, G., Wu, K., "Intelligent Decision-making of Online Shopping Behavior Based on Internet of Things", *International Journal of Information Management* 50, 2019, pp. 515 – 525.

[155] Pusaksrikit, T., Kang, J., "The Impact of Self-construal and Ethnicity on Self-gifting Behaviors", *Journal of Consumer Psychology* 26 (4), 2016, pp. 524 – 534.

[156] Dolnicar, S., Crouch, G. I., Long, P., "Environment-friendly Tourists: What Do We Really Know about Them?", *Journal of Sustainable Tourism* 16 (2), 2008, pp. 197 – 210.

| 附　录 |

附录1　内隐联想测试知情协议书

研究目的：

您现在参与的实验是××××××"西北干旱缺水地区污水资源再生利用管理对策研究"课题组研究计划的组成部分，该系列研究的主要目的是探索发现在西北干旱缺水地区污水资源再生利用行业推广过程中的难题，并试图找到适合地区的污水资源化推广路径。

研究程序：

整个过程中，您只需要按照要求做出按键反应。

参与的自愿性：

参与本次实验是完全自愿的，您可以随时选择退出实验。

整个实验程序大概持续20分钟左右，在实验过程中需要您集中注意力观看电脑屏幕，执行实验要求，以保证实验结果的可靠性，尽量做到答题又快又好。

实验参与人个人信息的保密性：

为了保护您的个人信息，我们的所有实验资料都会以编号形式存档而不以姓名形式存档。

实验获取的数据可能会被用于科学研究，并出现在科研文章中，但这些文章中不会出现您的姓名或者任何身份信息，我们将保证您的个人隐私权不会因为参与实验而遭受侵害。

协议：

您签名过的协议我们将进行保存，在本协议签字代表您已与实验组织人在以下几方面达成共识，并做出以下申明：

（1）我已阅读并了解知情协议书的全部内容。

（2）实验组织者已回答我提出的关于实验的所有问题。

（3）我自愿参与本次实验，并已得知可随时退出实验。

（4）我已了解从本研究收集的信息将被完全保密，不会以任何能识别个人身份信息的方式进行公开，除非得到我本人的同意或者是出于国家法律需要。

参加者同意参与本研究声明：我同意自愿参与本次实验。

实验参与人签字：＿＿＿＿＿＿＿＿　　日期：＿＿＿＿＿＿＿＿

实验组织者签字：＿＿＿＿＿＿＿＿　　日期：＿＿＿＿＿＿＿＿

附录2　内隐联想测试利手问卷

请阅读表中各个问题及选项，然后给出符合您真实情况的答案。

序号	调查项目	1	2	3	选择
1	您平时用哪只手执笔写字？	用右手	用左手	大部分时间用右手，有时用左手	
2	您平时用哪只手持牙刷刷牙？	用右手	用左手	大部分时间用右手，有时用左手	
3	您平时用哪只手持剪刀剪东西？	用右手	用左手	大部分时间用右手，有时用左手	

续表

序号	调查项目	1	2	3	选择
4	您平时用哪只手持筷吃饭？	用右手	用左手	大部分时间用右手，有时用左手	
5	您平时用哪只手扔东西？	用右手	用左手	大部分时间用右手，有时用左手	
6	您平时用哪只手划火柴？	用右手	用左手	大部分时间用右手，有时用左手	
7	您平时用哪只手穿针引线？	用右手	用左手	大部分时间用右手，有时用左手	
8	您小时候是否有用左手写字或左手吃饭而被父母纠正过？	没有	有		
9	在您直系亲属中，有谁用左手写字或用左手拿筷子？	没有	父亲或母亲	亲兄弟或兄弟姐妹中有	

附录3 内隐联想测试正性负性情绪量表（PANAS）

指导语：请阅读每个词语，并根据您最近1~2周的实际情况，在符合实际情况的答案上打钩。

	几乎没有	较少	中等	较多	非常多
1. 感兴趣（submission）	1	2	3	4	5
2. 痛苦（distressed）	1	2	3	4	5
3. 兴奋（excited）	1	2	3	4	5
4. 心烦（upset）	1	2	3	4	5
5. 劲头足（strong）	1	2	3	4	5
6. 内疚（guilty）	1	2	3	4	5
7. 恐惧（scared）	1	2	3	4	5
8. 敌意（hostile）	1	2	3	4	5

续表

	几乎没有	较少	中等	较多	非常多
9. 热情（enthusiastic）	1	2	3	4	5
10. 自豪（proud）	1	2	3	4	5
11. 易怒（irritable）	1	2	3	4	5
12. 警惕（alert）	1	2	3	4	5
13. 害羞（ashamed）	1	2	3	4	5
14. 受鼓舞（inspired）	1	2	3	4	5
15. 紧张（nervous）	1	2	3	4	5
16. 意志坚定（determined）	1	2	3	4	5
17. 注意力集中（attentive）	1	2	3	4	5
18. 坐立不安（jittery）	1	2	3	4	5
19. 有活力（active）	1	2	3	4	5
20. 害怕（afraid）	1	2	3	4	5

附录4　内隐联想测试外显态度调查问卷

请仔细阅读题目要求，并根据题目要求给出符合您真实想法的答案。

1. 请在以下几组词对中选择更符合您对"再生水"态度的选项，并在代表相应程度的方框上打钩☑。如第一组选项中 - 3 代表您认为再生水更接近于"坏的"；而 0 则代表您对再生水的态度趋于两者之间，没有偏向。

坏的—好的

丑的—美的

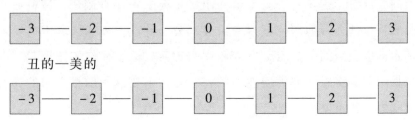

不开心的—开心的

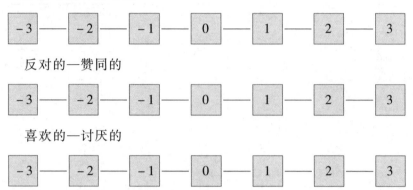

2. 请您根据自己对"再生水"的真实态度进行打分，分数在 0～100（其中 0 分代表您对再生水的态度极度消极，反之 100 分代表您对再生水的态度极度积极）。

3. 请选择您在多大程度上同意以下描述，请在对应方框上打钩，"1"代表非常不同意，"6"代表非常同意。

我非常支持推广再生水回用。

非常不同意—非常同意

附录5　分层随机抽样调研问卷

尊敬的被调研人：

您好！我们是××××××水资源综合管理研究团队的成员，本问卷针对"居民对于再生水回用接受程度"进行调研，该调研是国家社科基金资助研究项目的组成部分，旨在调查我国城市居民对污水再生利用的关注点、态度和使用意愿。请您仔细阅读题目，并根据您的真实想法回答问卷中的每一题，不要遗漏题目。您的作答对我们非常重要！

"再生水"即：对经过污水管道收集的雨水、工业排水、生活污水进行适当处理，达到规定水质标准，可以被再次使用的水。本问卷仅考虑将再生水用于"冲厕""洗车""道路冲洒"和"景观环境用水"等不与人体直接接触的再生水用途，您在思考作答时只需将以上用途纳入考虑。

在进行作答时，在□1 到□7 打钩依次代表对题项描述"非常反对"到"非常赞同"，如下表所示。

非常反对	反对	略微反对	中立	略微支持	支持	非常支持
□1	□2	□3	□4	□5	□6	□7

问卷采用匿名填写以保证您的个人信息不会被泄露，问卷调查的内容将仅用于学术研究。

最后，感谢您的参与，并代表我们整个研究团队向您致以最诚挚的谢意！

☆ 对居住城市水务管理部门的信任
（请根据您的真实态度作答，选择"1分"到"7分"依次代表您对左边题项描述从"非常反对"到"非常赞同"）。

题项	非常反对	反对	略微反对	中立	略微赞同	赞同	非常赞同
［1］我相信再生水主管部门所提供的关于再生水安全性的信息	□1	□2	□3	□4	□5	□6	□7
［2］我对水务管理部门能提供安全可靠的水有充分的信心	□1	□2	□3	□4	□5	□6	□7
［3］我相信水务管理部门会竭尽全力保证供水安全	□1	□2	□3	□4	□5	□6	□7

☆ 对使用再生水的风险感知

题项	非常反对	反对	略微反对	中立	略微赞同	赞同	非常赞同
[1] 您认为再生水回用工程运行过程中会因水质不达标影响居民安全	□1	□2	□3	□4	□5	□6	□7
[2] 您认为再生水回用项目会给项目所在地带来风险	□1	□2	□3	□4	□5	□6	□7
[3] 您认为使用再生水会影响您和您家人的健康	□1	□2	□3	□4	□5	□6	□7

☆ 自我构建

题项	非常反对	反对	略微反对	中立	略微赞同	赞同	非常赞同
[1] 我尊重集体的决定	□1	□2	□3	□4	□5	□6	□7
[2] 为了集体利益我愿意牺牲个人利益	□1	□2	□3	□4	□5	□6	□7
[3] 良好的人际关系至关重要	□1	□2	□3	□4	□5	□6	□7

☆ 对再生水使用行为的控制感

题项	非常反对	反对	略微反对	中立	略微赞同	赞同	非常赞同
[1] 只要我想用再生水就能用到再生水	□1	□2	□3	□4	□5	□6	□7
[2] 我能辨别出使用再生水的设施（不会出于无意识或非自愿而被动使用再生水）	□1	□2	□3	□4	□5	□6	□7
[3] 使用再生水对我而言是方便的	□1	□2	□3	□4	□5	□6	□7

☆ 水环境保护动机

题项	非常反对	反对	略微反对	中立	略微赞同	赞同	非常赞同
[1] 我觉得我有道德义务保护这里的水环境	□1	□2	□3	□4	□5	□6	□7
[2] 我觉得我应该保护好这里的水环境	□1	□2	□3	□4	□5	□6	□7

续表

☆ 水环境保护动机

[3] 我觉得大家都有义务在日常生活中减少对水环境的污染	□1	□2	□3	□4	□5	□6	□7
[4] 根据我的价值观，我有责任和义务保护水环境	□1	□2	□3	□4	□5	□6	□7

☆ 对再生水知识的了解程度

题项	非常反对	反对	略微反对	中立	略微赞同	赞同	非常赞同
[1] 我知道再生水的来源	□1	□2	□3	□4	□5	□6	□7
[2] 我了解再生水处理的过程	□1	□2	□3	□4	□5	□6	□7
[3] 我了解再生水的品质	□1	□2	□3	□4	□5	□6	□7

☆ 您能否接受以下再生水回用途径

题项	非常反对	反对	略微反对	中立	略微赞同	赞同	非常赞同
[1] 将再生水用于住宅入户冲厕	□1	□2	□3	□4	□5	□6	□7
[2] 将再生水用于城市道路冲洒	□1	□2	□3	□4	□5	□6	□7
[3] 将再生水用于消防	□1	□2	□3	□4	□5	□6	□7
[4] 将再生水用于住宅小区绿化	□1	□2	□3	□4	□5	□6	□7
[5] 将再生水用于洗车	□1	□2	□3	□4	□5	□6	□7

☆ 对再生水回用的态度

您觉得再生水回用怎么样？（选项越接近左边代表您的态度越接近左边描述词，同样选项越接近右边则代表您的态度越接近右边描述词）。

不可取						可取
□1	□2	□3	□4	□5	□6	□7
不愉快						愉快
□1	□2	□3	□4	□5	□6	□7
不利的						有利的
□1	□2	□3	□4	□5	□6	□7

☆ 对使用再生水的感知收益

题项	非常反对	反对	略微反对	中立	略微赞同	赞同	非常赞同
[1] 使用再生水能减少对水资源的消耗	□1	□2	□3	□4	□5	□6	□7
[2] 再生水回用保护了我们的环境	□1	□2	□3	□4	□5	□6	□7
[3] 使用再生水为我们的后代创造了更好的环境	□1	□2	□3	□4	□5	□6	□7

☆ 节水行为和节水动机

题项	非常反对	反对	略微反对	中立	略微赞同	赞同	非常赞同
[1] 我会在生活中注意水资源的循环使用（如收集洗菜水用于冲厕等）	□1	□2	□3	□4	□5	□6	□7
[2] 我会购买节水器具	□1	□2	□3	□4	□5	□6	□7
[3] 我会在不用水时及时关闭水龙头	□1	□2	□3	□4	□5	□6	□7
[4] 我会劝说身边的人节约用水	□1	□2	□3	□4	□5	□6	□7
[5] 我节约用水仅仅是为了节约生活成本	□1	□2	□3	□4	□5	□6	□7
[6] 我节约用水是为了保护自然环境	□1	□2	□3	□4	□5	□6	□7
[7] 我节约用水是为了减轻城市供水压力	□1	□2	□3	□4	□5	□6	□7
[8] 我节约用水是为了给我们的子孙后代留下良好的水资源	□1	□2	□3	□4	□5	□6	□7

☆ 对人类活动造成水污染的后果意识

题项	非常反对	反对	略微反对	中立	略微赞同	赞同	非常赞同
[1] 人类活动产生的污染物会破坏水生动物的栖息环境	□1	□2	□3	□4	□5	□6	□7
[2] 人类无节制的污水排放是水环境污染的重要原因	□1	□2	□3	□4	□5	□6	□7

续表

☆ 对人类活动造成水污染的后果意识

[3] 我们日常生活中使用的诸如洗衣粉、洗涤剂等化学制品会对水环境产生严重污染	□1	□2	□3	□4	□5	□6	□7

☆ 对水环境污染的责任归因

题项	非常反对	反对	略微反对	中立	略微赞同	赞同	非常赞同
[1] 我们每个人都应当对我们生活居住城市的水环境破坏负责	□1	□2	□3	□4	□5	□6	□7
[2] 所有城市居民都应当承担起保护我们所在城市水环境的责任	□1	□2	□3	□4	□5	□6	□7
[3] 我们所在城市的水环境破坏问题，我们每一个人都有一定责任	□1	□2	□3	□4	□5	□6	□7

☆ 与再生水相关的主观规范

题项	非常反对	反对	略微反对	中立	略微赞同	赞同	非常赞同
[1] 大部分对我而言重要的人会认为我应当支持并参与再生水回用	□1	□2	□3	□4	□5	□6	□7
[2] 大部分对我而言重要的人将希望我支持并参与再生水回用	□1	□2	□3	□4	□5	□6	□7
[3] 大部分意见被我重视的人将希望我支持并参与再生水回用	□1	□2	□3	□4	□5	□6	□7

☆ 个人基本信息

[1] 年龄：　　　　　岁

[2] 性别：　　　　□男　　　　　　　　□女

[7] 是否经历过水资源极度缺乏：　　　　□是　　　　　　　□否

[8] 是否曾经使用过再生水：　　　　□是　　　　　　　□否

[9] 受教育程度：

□小学及以下　□初中（中专）　□高中（高职）　□大学本科（大专）　□硕士及以上

附录6 改进的再生水回用规范激活模型标共变异数矩阵

rowtype_	var_	MO1	AOR1	AOR2	AOR3	ACC1	ACC2	AOC1	AOC2	AOC3	MO4	MO3	MO2	ACC5	ACC4	ACC3
cov	MO1	0.776														
cov	AOR1	0.377	1.067													
cov	AOR2	0.402	0.680	0.826												
cov	AOR3	0.300	0.623	0.582	0.945											
cov	ACC1	0.653	0.533	0.521	0.335	3.022										
cov	ACC2	0.646	0.513	0.498	0.337	2.734	3.476									
cov	AOC1	0.246	0.323	0.315	0.262	0.535	0.535	1.034								
cov	AOC2	0.277	0.368	0.430	0.372	0.563	0.596	0.619	1.058							
cov	AOC3	0.201	0.361	0.372	0.359	0.452	0.348	0.479	0.632	1.128						
cov	MO4	0.548	0.428	0.429	0.392	0.588	0.601	0.235	0.320	0.229	0.726					
cov	MO3	0.496	0.310	0.297	0.247	0.478	0.470	0.202	0.243	0.203	0.431	0.678				
cov	MO2	0.526	0.370	0.350	0.303	0.515	0.481	0.188	0.218	0.187	0.500	0.449	0.612			
cov	ACC5	0.600	0.448	0.449	0.326	2.404	2.656	0.480	0.474	0.349	0.559	0.438	0.440	3.051		
cov	ACC4	0.593	0.428	0.452	0.299	2.520	2.666	0.559	0.621	0.490	0.545	0.476	0.460	2.555	3.127	
cov	ACC3	0.653	0.512	0.482	0.324	2.508	2.748	0.499	0.544	0.340	0.622	0.470	0.526	2.485	2.523	3.150

N = 292

附录 7 拓展的再生水回用技术接受模型共变异数矩阵

rowtype_	var_	PEOU1	PEOU2	PEOU3	ISC1	ISC2	ISC3	ACC1	ACC2	ATT2	ATT3	ATT4	ACC5	ACC4	ACC3	PU1	PU2	PU3
cov	PEOU1	2.503																
cov	PEOU2	1.528	2.568															
cov	PEOU3	1.462	1.422	2.144														
cov	ISC1	-0.052	0.031	0.377	3.389													
cov	ISC2	-0.004	0.095	0.198	1.838	2.964												
cov	ISC3	-0.235	-0.165	-0.009	1.567	1.533	3.375											
cov	ACC1	0.807	0.870	1.002	0.650	0.433	0.480	3.022										
cov	ACC2	0.881	1.041	1.088	0.667	0.511	0.514	2.734	3.476									
cov	ATT2	0.850	0.737	0.877	0.573	0.471	0.375	1.506	1.616	2.430								
cov	ATT3	0.886	0.682	0.905	0.644	0.436	0.431	1.492	1.641	1.920	2.442							
cov	ATT4	0.869	0.753	0.887	0.579	0.348	0.444	1.405	1.605	1.920	1.931	2.475						
cov	ACC5	0.778	0.856	0.788	0.652	0.522	0.605	2.404	2.656	1.543	1.526	1.457	3.051					
cov	ACC4	0.806	0.935	0.912	0.474	0.361	0.362	2.520	2.666	1.516	1.536	1.484	2.555	3.127				
cov	ACC3	0.860	0.923	0.987	0.747	0.515	0.437	2.508	2.748	1.523	1.537	1.461	2.485	2.523	3.150			
cov	PU1	0.588	0.548	0.593	0.343	0.126	0.210	1.030	1.119	0.716	0.650	0.659	0.986	1.020	1.131	1.251		
cov	PU2	0.737	0.660	0.704	0.483	0.309	0.359	1.160	1.222	0.855	0.854	0.790	1.086	1.114	1.158	1.086	1.622	
cov	PU3	0.863	0.785	0.752	0.373	0.334	0.226	1.151	1.271	0.878	0.891	0.868	1.154	1.171	1.175	1.039	1.243	1.597

N = 292

附录 8　知识普及政策作用机理模型共变异数矩阵

rowtype_	var_	KARW1	KARW2	KARW3	TIWA1	TIWA2	TIWA3	ACC1	ACC2	PR3	PR2	PR1	ACC5	ACC4	ACC3
cov	KARW1	2.633													
cov	KARW2	1.833	2.906												
cov	KARW3	1.842	2.229	2.958											
cov	TIWA1	0.858	0.986	1.048	1.896										
cov	TIWA2	0.672	0.929	0.862	1.136	1.857									
cov	TIWA3	0.752	0.965	0.936	1.063	1.263	1.761								
cov	ACC1	0.732	0.747	0.608	0.729	0.719	0.552	3.022							
cov	ACC2	0.995	0.911	0.823	0.897	0.916	0.772	2.734	3.476						
cov	PR3	0.863	0.991	0.892	0.699	0.786	0.762	1.097	1.295	2.308					
cov	PR2	0.706	0.867	0.848	0.699	0.814	0.714	1.119	1.356	1.532	2.313				
cov	PR1	0.863	1.060	0.915	0.663	0.761	0.708	1.002	1.238	1.552	1.482	2.185			
cov	ACC5	0.598	0.646	0.526	0.575	0.593	0.365	2.404	2.656	0.970	1.155	0.990	3.051		
cov	ACC4	0.831	0.835	0.724	0.650	0.734	0.571	2.520	2.666	1.103	1.227	1.148	2.555	3.127	
cov	ACC3	0.748	0.713	0.700	0.728	0.755	0.666	2.508	2.748	1.187	1.202	1.213	2.485	2.523	3.150

N = 292

图书在版编目（CIP）数据

再生水回用与公众接受 / 付汉良等著. -- 北京：
社会科学文献出版社，2020.5
ISBN 978 - 7 - 5201 - 6556 - 3

Ⅰ.①再… Ⅱ.①付… Ⅲ.①再生水 - 水资源利用 -
研究 Ⅳ.①TV213.9

中国版本图书馆 CIP 数据核字（2020）第 062889 号

再生水回用与公众接受

著 者／付汉良 刘晓君 何玉麒 丁 超

出 版 人／谢寿光
组稿编辑／高 雁
责任编辑／颜林柯

出 版／社会科学文献出版社·经济与管理分社（010）59367226
　　　　　地址：北京市北三环中路甲 29 号院华龙大厦 邮编：100029
　　　　　网址：www. ssap. com. cn
发 行／市场营销中心（010）59367081 59367083
印 装／三河市东方印刷有限公司

规 格／开 本：787mm × 1092mm 1/16
　　　　　印 张：12.25 字 数：157 千字
版 次／2020 年 5 月第 1 版 2020 年 5 月第 1 次印刷
书 号／ISBN 978 - 7 - 5201 - 6556 - 3
定 价／138.00 元